家常鱼的192种做法

杨桃美食编辑部 主编

江苏凤凰科学技术出版社
·南京·

图书在版编目（CIP）数据

家常鱼的 192 种做法 / 杨桃美食编辑部主编 .— 南京 : 江苏凤凰科学技术出版社 , 2015.7（2021.6 重印）
（食在好吃系列）
ISBN 978-7-5537-4261-8

Ⅰ . ①家… Ⅱ . ①杨… Ⅲ . ①家常菜肴 – 鱼类菜肴 – 菜谱 Ⅳ . ① TS972.126

中国版本图书馆 CIP 数据核字 (2015) 第 050942 号

食在好吃系列
家常鱼的192种做法

主　　编　杨桃美食编辑部
责任编辑　葛　昀
责任监制　方　晨

出版发行　江苏凤凰科学技术出版社
出版社地址　南京市湖南路 1 号 A 楼，邮编：210009
出版社网址　http://www.pspress.cn
印　　刷　天津丰富彩艺印刷有限公司

开　　本　718 mm × 1 000 mm　1/16
印　　张　10
插　　页　4
字　　数　250 000
版　　次　2015年10月第1版
印　　次　2021年6月第3次印刷

标准书号　ISBN 978-7-5537-4261-8
定　　价　29.80元

图书如有印装质量问题，可随时向我社印务部调换。

Preface | 序言

鱼类佳肴是人们餐桌上必不可少的，鱼肉具有丰富的营养价值，经常食用让人身心受益。鱼肉富含蛋白质、维生素A、维生素D及微量元素，而且其脂肪含量较低，多为不饱和脂肪酸，能够降低胆固醇，减少高胆固醇对人体的危害。

研究表明，经常食用鱼类的儿童，其生长发育较快，智力的发展也较好，所以，有小孩的家庭，餐桌上更少不了鱼类佳肴了。鱼能养肝补血、润泽养发、滋补健胃、利水消肿，多食用鱼肉，人的身体也会比较健壮。

当今社会，工作、生活节奏加快，职场中人的精神紧张、易疲劳，更要多吃鱼类食物。被人们称之为“天然保健品”的鱼类美食，不但食之有味，更能强身健体，为人们的身体保驾护航，让人们在这百舸争游的社会竞争中胜人一筹，创造出更美好的生活。

鱼的种类繁多，大体上分为海水鱼和淡水鱼两大类。淡水鱼有马鲛鱼、鲈鱼、虱目鱼、鲤鱼、鲫鱼、鳊鱼、草鱼、大头鲢等，它们的口感大多较绵密，烹煮时通常会搭配酱汁、较重的香辛料调味，或使用油炸的方式，这样才能去除淡水鱼的土味和较重的鱼腥味。

海水鱼，俗称咸水鱼。常见的鱼种有金枪鱼、石斑鱼、红目鲢、翻车鱼、鳕鱼、鳗鱼、秋刀鱼、白带鱼、尼罗红鱼等，他们的口感较紧密且有韧劲儿，通常会以清蒸、切生鱼片，或使用较淡的酱汁方式烹调。

如何将多种鱼类做得色味俱全、芳香飘溢，是一个值得人们学习和深究的问题。鱼类烹饪方式各式各样，不拘一格。不但不同种类鱼的烹饪方式不同，同一种鱼，也可变着花样去做。

本书先从鱼的各个部位开始介绍，教人们如何认识鱼的不同部位，以及各个部位新鲜度的识别方法，帮助人们选购新鲜健康的鱼肉；还教给人们从鱼鳞到内脏的处理方法，就算从未处理过鱼的人，自己在家，也能处理得既干净又漂亮。

对于鱼头、鱼肉、鱼尾，不同部位的切法，本书也分别做了详细的图解。烹饪鱼肉时所需的锅具、去腥材料和调味料，本书均做了详细介绍，您在做鱼类大餐前，只需要将它们买回来即可开始做鱼。如今的市场商品日趋丰富，各种烹饪工具和烹饪调料都一应俱全，更是让您如愿以偿了。

鱼类烹饪方法主要有烤、煮、烧、炸、炒、蒸、煎7种，均被纳入本书中，并附有各个烹饪法的美味小技巧。本书主要以图文并茂的形式，详细讲解各种鱼类佳肴的做法，以及烹制过程中需要注意的重要事项，让您在家做一款鱼类美味佳肴不再是难事。

另外，本书还介绍了用电锅、微波炉烹饪鱼的方法，这两种简单易学、方便操作的烹饪法，是您繁忙之余的良好选择，而且做出来的美味毫不逊色于其他烹饪方式。

想吃哪一种鱼，就大胆去做吧。将每一种可食用的鱼肉珍馐带到您的日常饮食中，丰富您的饮食文化，让您的餐桌日新月异。这样，您和您的家人，再也不会因为仅有的那几种鱼类食物而郁郁寡欢了。每天都尝试新的品种、不同的口味，不但吃得开心美味，对鱼类美食，更是有种翘首以盼的感觉。

鱼类烹饪法多式多样，令人目不暇接。只需这一本家常鱼烹饪书，各种鱼类佳肴就会被你轻而易举地掌握，让您以及您的家人在家也能享受到鱼类大餐。这不仅能提高饮食品质，还能让您的家人或亲戚朋友，对您精湛的厨艺赞不绝口！

Contents｜目录

序 鲜鱼飨宴

PART 1

炒炸鱼

PART 2
煎烧鱼

PART 3
蒸烤鱼

PART 4
拌煮鱼

PART 5
电锅鱼

PART 6
微波炉鱼

PART 7
巧做鱼丸

单位换算

固体类 / 油脂类

1茶匙 = 5克
1大匙 = 15克
1小匙 = 5克

液体类

1茶匙 = 5毫升
1大匙 = 15毫升
1小匙 = 5毫升
1杯 = 240毫升

序 鲜鱼飨宴

鱼肉富含蛋白质、钙质和多种微量元素等营养成分，热量比其他肉类低，越来越多的人爱吃鱼肉也就理所当然。

鱼虽然美味，营养价值高，但是许多人不喜欢鱼腥味，或者因讨厌鱼刺而不愿吃鱼。

鱼的种类繁多，不同种类鱼的烹饪方式有何不同？对此，大多数人都是一头雾水，也不知道为什么在家做鱼类菜时，总是无法像餐厅大厨那样轻松。

本书教人们如何挑鱼、买鱼、处理鱼、去除鱼腥味，如何采用各种不同的烹饪方式，包括使用电锅、微波炉来做鱼。另外，书中还教人们如何把鱼肉变成鱼浆，做成美味可口的鱼丸。

人们在阅读完本书之后，会学到既省力又省时的鱼类烹饪法，让不爱吃鱼的人变得爱吃鱼，而原本爱吃鱼的人变得更爱吃鱼，吃得意犹未尽，吃得聪明健康。

从头到尾认识鱼

鱼头

鱼头的肉比较少，但它却是很好吃的部位。厚厚的鱼唇，拥有着许多鱼胶。利用鱼头煮出来的汤鲜浓而美味，它适合做炖煮类的烹饪。

鱼下巴

鱼下巴的肉虽然不多，但是肉质却很软嫩。不论是用于烧烤、红烧或干烧，都非常美味。

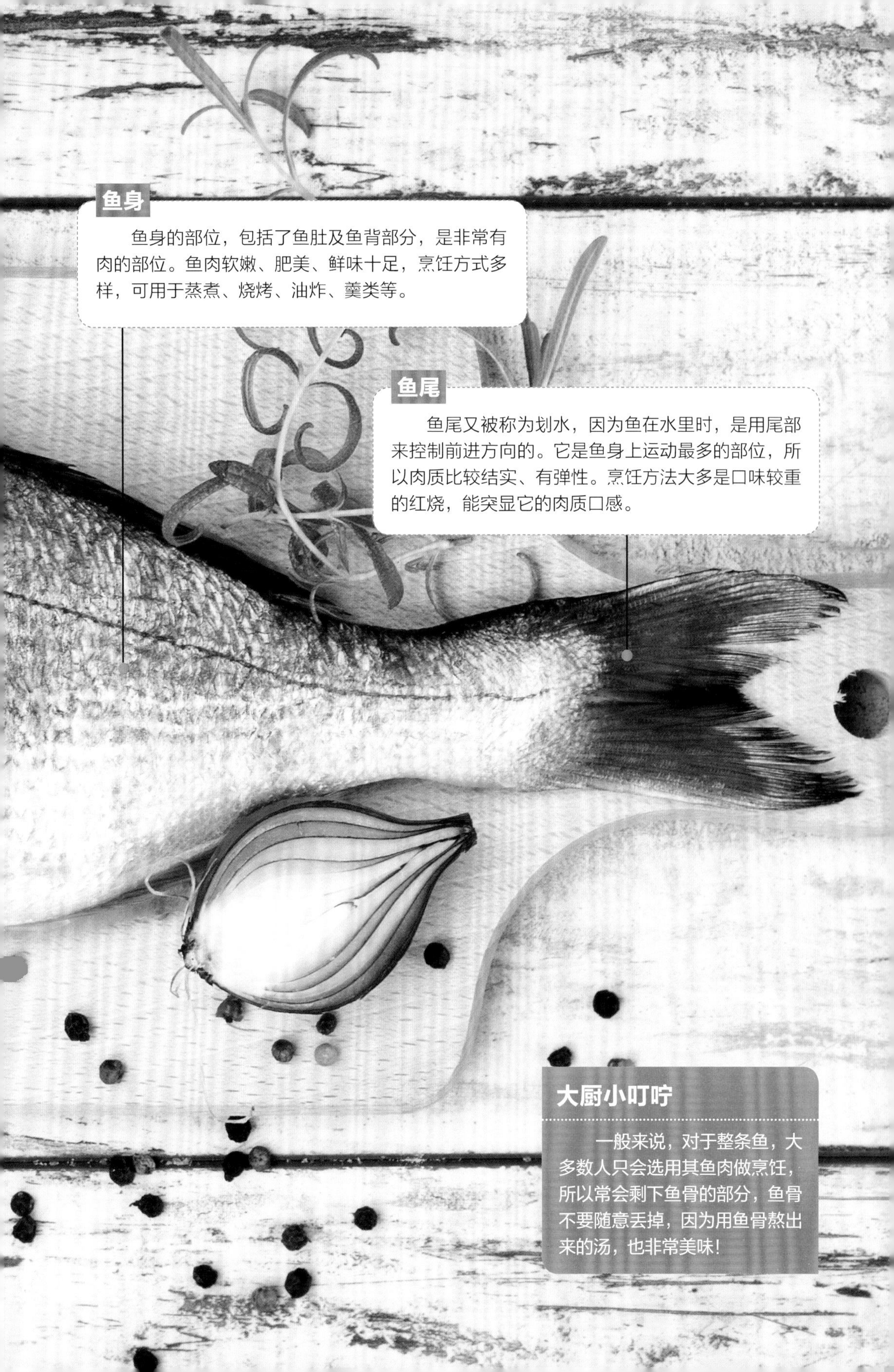

鱼身

鱼身的部位，包括了鱼肚及鱼背部分，是非常有肉的部位。鱼肉软嫩、肥美、鲜味十足，烹饪方式多样，可用于蒸煮、烧烤、油炸、羹类等。

鱼尾

鱼尾又被称为划水，因为鱼在水里时，是用尾部来控制前进方向的。它是鱼身上运动最多的部位，所以肉质比较结实、有弹性。烹饪方法大多是口味较重的红烧，能突显它的肉质口感。

大厨小叮咛

一般来说，对于整条鱼，大多数人只会选用其鱼肉做烹饪，所以常会剩下鱼骨的部分，鱼骨不要随意丢掉，因为用鱼骨熬出来的汤，也非常美味！

烹饪鱼之前应了解的常识

鱼片的水要拭干

先将鱼片洗净，将鱼鳞刮除干净；再用干布或厨房用纸轻轻吸干水。如果水未被吸干，会导致烹饪时鱼皮粘在锅上，下锅的时候也容易使油滴飞溅出来。所以，无论是整条鱼或鱼片，烹煮前都一定要吸干其表皮的水。

淋料酒去除腥味

鱼肉美味，但大部分鱼的腥味较重。利用料酒去腥、提味，是蒸鱼过程中不可缺少的步骤，通常只要加一点料酒即可。若碰到不小心把鱼胆弄破的鱼，苦味会跑到鱼肚附近，此情况下，可用料酒多抹抹鱼肚，减少苦味。

葱姜垫底防鱼皮粘盘

放葱姜在蒸盘底，不仅是为了去腥，还因为有了葱姜垫高，鱼不会直接接触蒸盘，可避免鱼皮粘住蒸盘，从而保持鱼肉完整。如果再讲究一点，等鱼蒸好后再挑去葱姜，上桌就更美观了！

淋热油提升香气

蒸好的鱼若放有葱、姜等食材，淋些热油除了可以补其油分不足、增加滑嫩口感外，也可以借热油冲入葱、姜的瞬间，提升葱姜的香气以及去除鱼腥味。

封保鲜膜防水汽

蒸鱼封保鲜膜的主要原因在于，蒸鱼的酱汁调味完成后，若没有封保鲜膜，蒸鱼所产生的水汽会滴在蒸盘上，酱汁味道就会变淡。因此，封保鲜膜或者用铝箔包裹鱼身，可以避免破坏调好味的酱汁。特别要注意的是，保鲜膜材质要选用PE材质，这样就可以避免高温热溶胶所产生的有害物质了。

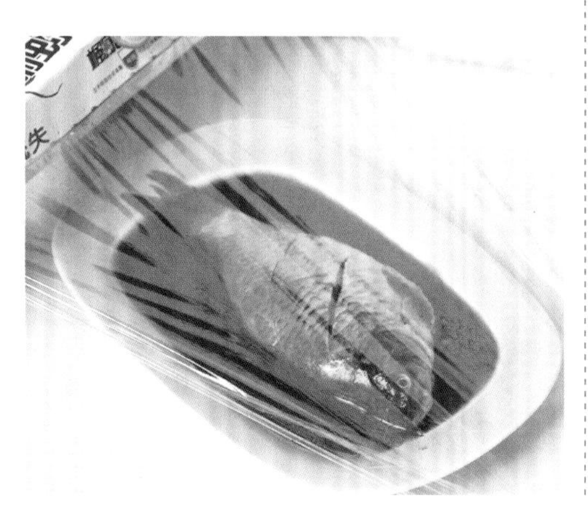

淡水鱼与海水鱼的口感差异

常见淡水鱼有鲤鱼、鲢鱼、鲈鱼、罗非鱼、马鲛鱼、虱目鱼等，口感较绵密。烹煮时大部分会搭配酱汁、较重的香辛料调味，或是使用油炸的烹饪方式，这样才能去除淡水鱼的土味和较重的鱼腥味。

海水鱼，俗称咸水鱼，常见的海水鱼有鳕鱼、红甘鱼、金枪鱼、石斑鱼、迦纳鱼、红目鲢、翻车鱼等。烹煮方式较多样，口感较紧密且有韧劲儿，通常用来清蒸、制作生鱼片，或使用较淡的酱汁方式烩煮。

简单分辨鱼肉的新鲜度

鱼肉的新鲜度辨别，可分别从手摸、鼻闻、季节性等三个方面来判断。

手摸：用手摸摸鱼身，肉质若软烂，鱼身黏液较重，就表示这条鱼较不新鲜。

鼻闻：也可以用鼻子闻一下，是否有臭味与腥味很重等异常现象，这样就可以减少买到不新鲜鱼的概率。

季节性：在市场选购时，某些鱼类的捕捞和上市都具有季节性，所以在季节交替时选择鱼类要慎重。如果买到冷冻后再解冻的海水鱼，吃起来的口感就会差很多。

挑选新鲜鱼的诀窍

鱼眼

从鱼的外观上，我们可以先注意到它的眼睛。鱼眼睛若清亮、黑白分明，表示这条鱼很新鲜。但是，若鱼眼睛出现了混浊雾状，就表示这条鱼已经被放置一段时间，不再新鲜了。

▲ 眼睛透明、亮　▲ 眼睛白、深陷

鱼鳞

检查完鱼的眼睛后，就要看鱼身上的鳞片是否有鲜度、有光泽。有些鱼贩为了让鱼看起来新鲜，会特意打上灯光。所以，购买时，要用手去摸摸它的鳞片是否完整，也可以拿起来细看鳞片是否有自然的光泽，而不是暗淡无色。

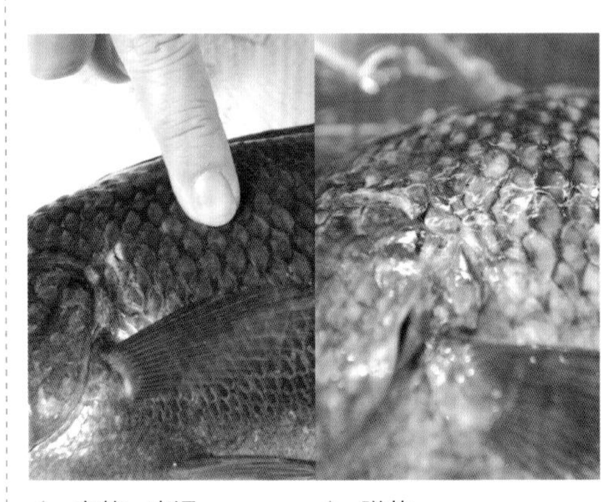

▲ 完整、光滑　▲ 脱落

鱼腮

检查完鱼的外观后，可别忘了还有个部位很重要，那就是“鳃”。鱼鳃是鱼在水中呼吸空气的部位，它有许多血管，只有保持相当的活力，鱼才会存活。因此，在检查鱼鲜度时，鱼鳃是不能被遗漏的部位。翻开鱼鳃部位，除了检查它是否鲜红之外，还可通过触摸，以确保其未被上色。

▲ 鲜红　▲ 暗红

颜色

如果鱼已经切片，而不是整条鱼，就无法用以上方法检验其新鲜度。然而，通过观察颜色亦可以辨别。新鲜鱼肉颜色较鲜亮，久置鱼肉颜色会暗淡些。

▲ 颜色呈鲜橘红色　▲ 颜色较淡

弹性

可通过按压鱼肉的方式辨别。新鲜的鱼肉富有弹性，若轻轻按压切片鱼，鱼肉塌陷下去，就表示已经不新鲜，购买时要特别注意。

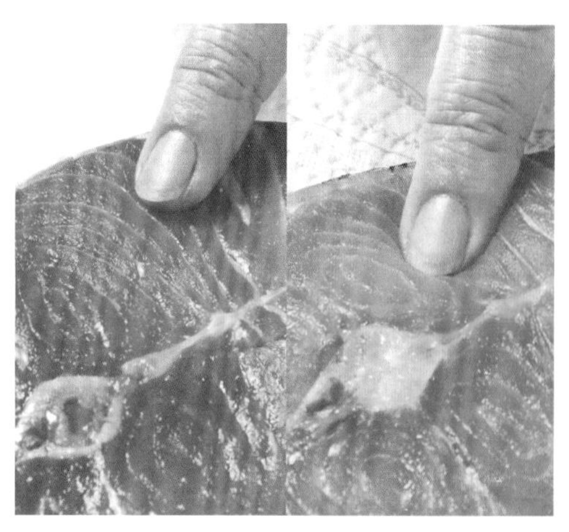

▲ 肉质有弹性　▲ 肉质呈凹陷状

鱼腹

新鲜鱼腹应该是富有弹性的。如果轻轻按压鱼腹，鱼腹肉塌陷下去，表明这条鱼已经缺乏弹性，水分已流失。需要注意的是，有些鱼贩会故意将不新鲜的鱼冰冻起来，摸起来硬邦邦的，让人不易分辨其新鲜程度。

▲ 有弹性　▲ 凹陷

选购新鲜鱼的注意事项

三文鱼

三文鱼油脂丰富、肉质鲜美，适合做烟熏、生鱼片、煎鱼排等。挑选三文鱼片时，为了避免买到软烂的鱼肉，肉色以鲜橘红色最佳，如已转为粉红色，可能是因为泡水过久，不是很新鲜。

鳕鱼

鳕鱼烹调法通常是清蒸与油炸。像这样的海鱼，常以急速冷冻的方式保存，挑选时以鱼肉结实者为佳。冰冻的鳕鱼，若冰融化后肉质变软，就表示已不新鲜。

小黄鱼

小黄鱼肉质细嫩，油炸、清蒸、糖醋都是较适合的烹饪法。养殖的小黄鱼体形较大、野生的小黄鱼体形较小，但小黄鱼肉质更有弹性。挑选小黄鱼时，以鱼鳃呈鲜红色、鱼眼睛明亮、鱼身没有碰撞伤痕者最佳。

鲷鱼

鲷鱼肉质厚实，煎、炸、红烧皆可，还能做生鱼片。部分鱼贩会用一氧化碳处理鱼肉，提高鱼肉色泽。所以，挑选鲷鱼片时不能选择颜色过于鲜红的鱼肉。

银花鲈鱼

鲈鱼的品种很多，分海水鱼和养殖鱼。区分方式：养殖鲈鱼腹部松垮，海水鲈鱼则腹部瘦长、紧实。烹饪时，可配上蚝油、豆豉清蒸或加上苦瓜、豆豉煮汤。

虱目鱼

虱目鱼是半淡水鱼，刺多、肉质较涩，鱼皮含有丰富的胶质。腹部油质含量高、较软，适合炸、煎；鱼尾适合油炸、煮汤；鱼肚则适合切片干煎。

前期处理很重要

处理技巧大公开

去鳞片

以一手抓住鱼头，最好以纸巾或干布包裹，可避免手滑，也可避免被鱼鳞及鱼鳍刺伤。另一手用刀将鱼鳞逆着其生长的方向刮下，再用清水洗净粘黏在鱼身上的鳞片。如果没把握，担心将鱼肉也刮下，可以用刀背或是刮鱼鳞的专用工具。刮鱼鳞的时候，要特别注意鱼头、鱼鳍及鱼尾附近，这些地方都是常被遗忘、也不容易刮干净的地方。

去除鱼鳃

翻开鱼鳃的外盖，用手抓住鱼鳃或用剪刀夹住鱼鳃向外拽、拔除。鱼鳃共有四片，左右各两片，必须完全清除干净。因为鱼鳃有倒刺，用手直接拔除时要小心，建议新手使用剪刀比较安全。

划开鱼肚

以刀的尖端刺进鱼肚，再沿着边缘划开，或用剪刀剪开，划开的范围约从鳃盖下方到下腹鱼鳍前。划开的时候要将鱼肉挑高，避免划破内脏后苦汁流出而沾染鱼肉。此外，因为鱼骨生长位置的关系，若从鱼腹正下方划口子，会顶到鱼骨，因此可以从稍微偏一侧的位置划开。

清除内脏

将鱼腹的内脏全部取出，取出的时候要从靠近鱼头或鱼尾的地方用力拔除，不要用力捏住，避免弄破鱼胆而散发苦味。如果不易取出，也可沿着鳃盖划一刀至鱼腹的开口，再片开鱼肉，这样会更轻松取出内脏。清除内脏后，用清水将鱼清洗干净，如果没有立刻烹饪，记得用保鲜膜包好，放入冰箱冷冻保存。

1

2

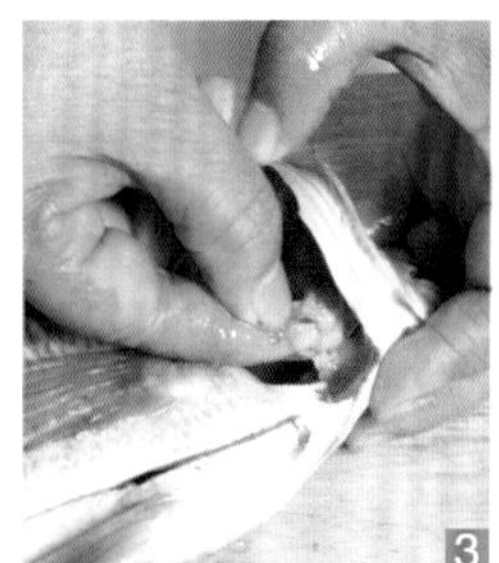
3

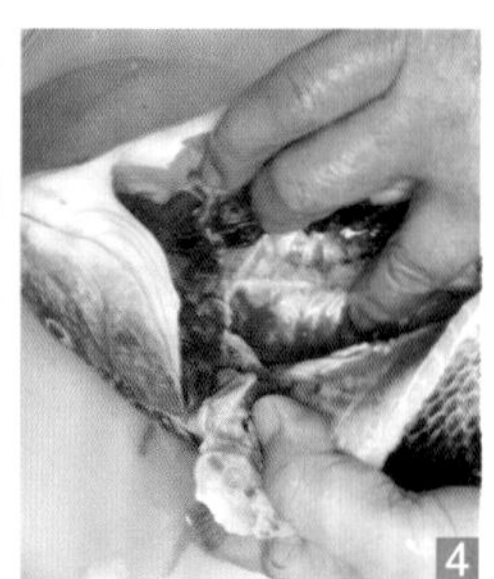
4

鱼头处理

鱼头在烹煮时通常只用半个即可。这时需要对半剖开，可先用剪刀从内侧剪至鱼嘴部分，再改用菜刀剖开。另外，较厚部位可用刀划几处口子，方便烹煮入味。

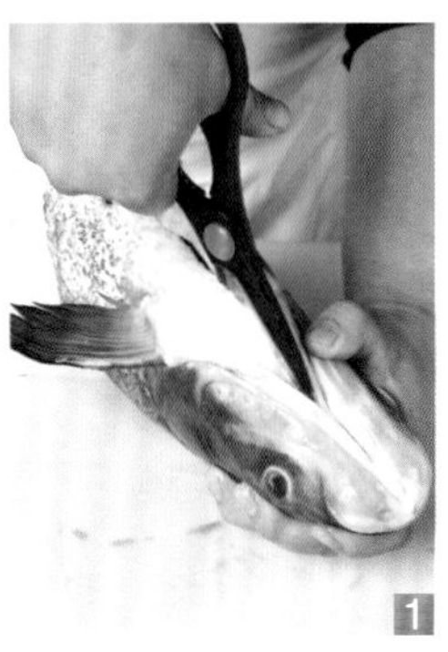
1

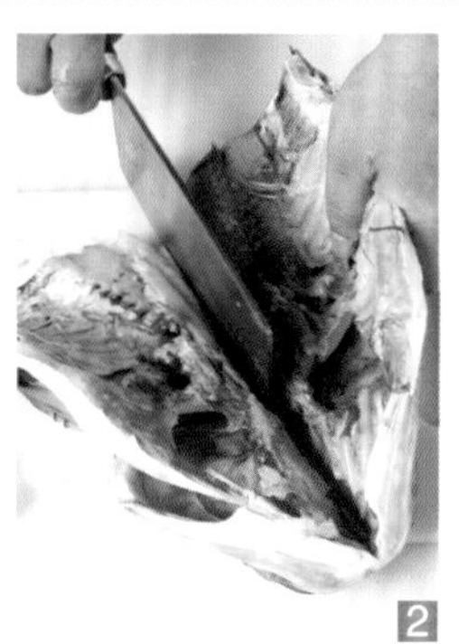
2

3

鱼块切条

去除中间大骨及鱼刺后，再将鱼肉切成适当大小条状即可。

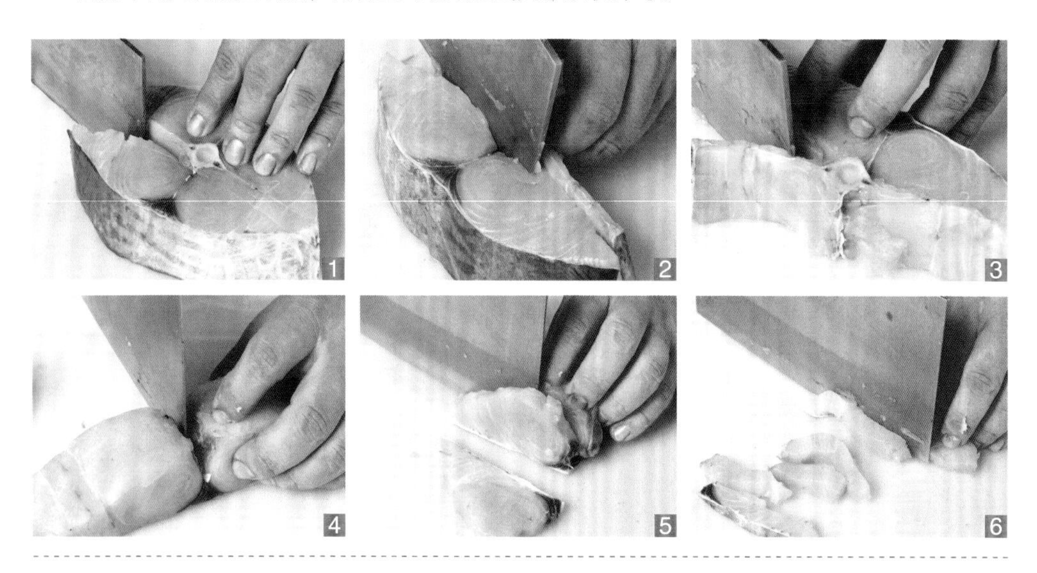

整条鱼去刺、切块、切小丁

去除鱼的头、尾、中骨，再将隐藏在肉身中的鱼刺用镊子小心拔除，最后将鱼肉部分切成小丁状。

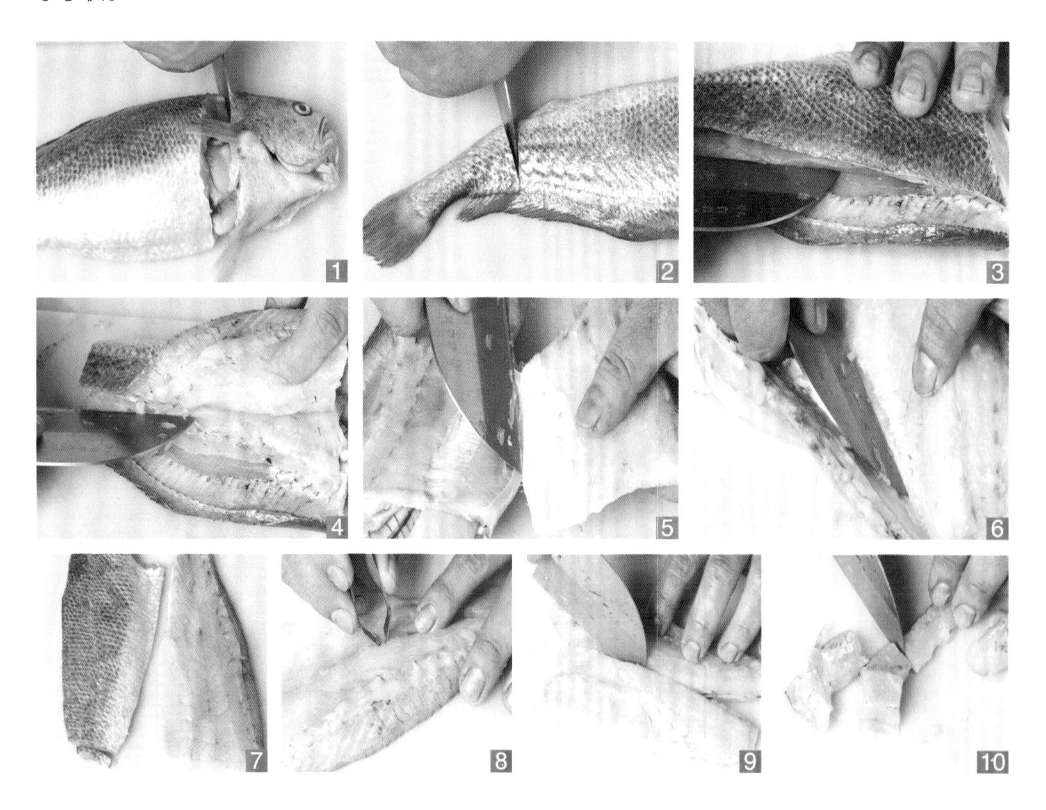

鱼块切小块

切除鱼肉中间大骨，将鱼肉切成小方块状。

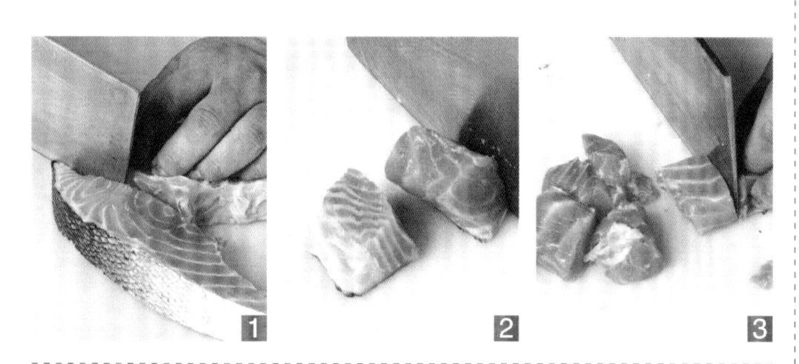

切段

要将整条烹煮的鱼切段，可在鱼背较厚的位置划几处口子。烹煮时，把整条鱼摆放在锅中，若锅子较小，可直接将鱼切成数段，以便烹煮。

切薄片

将鱼去皮，切成薄如纸片的鱼片，再放入沸腾的汤水中涮煮，口感柔软、味道清甜。

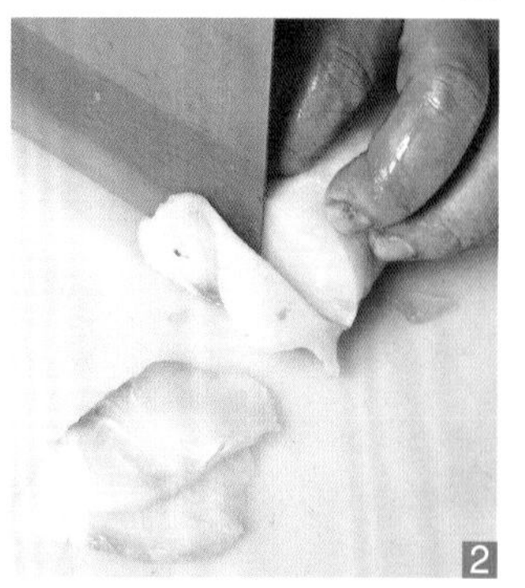

吻仔鱼处理

像吻仔鱼这种小鱼，在捞捕及贩卖时多少会沾染上一些沙子，因此需利用漏勺，用流动的清水冲洗过滤。

去腥的必备材料

姜

姜是不错的去腥材料，因此常用来腌鱼，或是用来爆香。日常使用时以老姜为主，且每次使用的分量不宜过多，否则会有较强的辛辣感。一般以2～4片为宜。

葱

葱是与鱼味道最合的香辛材料，在烹饪鱼的时候会被经常使用，有去腥、增香的作用。葱段常用于腌鱼或与鱼一同烧煮；葱切末则常用于炒、炸等烹饪，或是撒鱼上作为绿色的装饰。

大蒜

大蒜是与鱼的味道很合的香辛材料，去腥效果好，也不会使鱼的味道变淡，但也不宜过多，过多味道会较呛。在使用之前先以小火炸过，其辛味可以降低一点，香味反而会更明显。炸的时候只要炸至金黄即可，若是变黑就会有苦味。

酒

腌鱼除了盐与白胡椒粉之外，加些酒，能起到增香与去腥的作用。特别是加热的时候喷一点酒，更能增添香气。除了料酒之外，用绍兴酒或其他酒精浓度较高的酒代替，也别具风味。

盐、糖、胡椒粉

盐除了给菜品以咸味之外，也有去腥与提鲜的作用，适度的咸味可以使鱼的香味更加香气扑鼻。糖也是鱼烹饪中常见的基本材料，除了用于糖醋、红烧以外，其他烹饪方法使用分量很少，主要是利用少许的甜味提鲜，一般多用白糖、红糖或冰糖。鱼在烹饪时经常使用白胡椒粉，因为它味道不强烈，且具有很好的提味去腥的作用。在做少数菜时也会使用黑胡椒粉。

酱油、蚝油

酱油与蚝油都是具有醇厚咸香味的调料，同时还能增添菜肴的诱人色泽。酱油的特色在于，含有发酵过的浓郁豆香，增添的咸味柔和、口感好；蚝油不但能帮助菜肴上色，还能提鲜去腥。

常用的调味材料

醋

醋常用来制作糖醋汁，其酸味具有开胃的作用，还能使鱼肉口感滑嫩。一般常用的有白醋与陈醋两种，另有酸味与香味较强的香醋，使用时须搭配足够多的糖，才能调和浓郁的香味，且不会过于刺激。

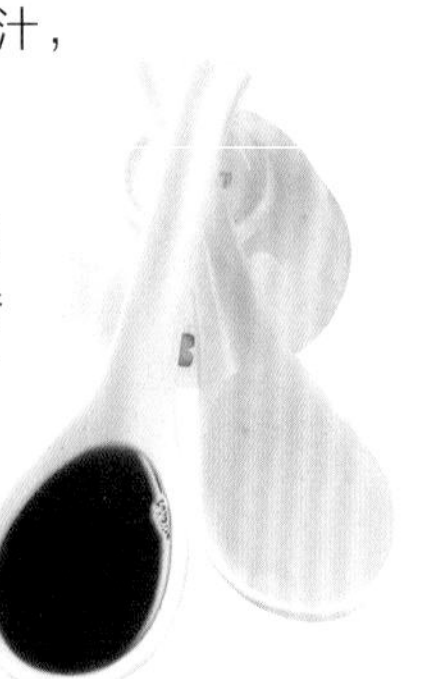

番茄酱

番茄酱具有温和的酸味与甜味，多用于调配糖醋汁。也可搭配新鲜西红柿一起使用，味道更具特色且健康营养。

豆豉

豆豉的味道以咸香为主，味道重，因此不须再搭配太多调料，尤其适合用来蒸鱼，既方便又美味。干豆豉需要先泡水再使用，口感才好。另外，还有豆豉酱可以选择，其味道香浓，还会加深菜色。

豆酥

豆酥有球状与碎粒状两种，以球状的豆酥较佳。豆酥的香味要经过一段时间的翻炒才能完全散发出来，翻炒时要均匀，同时火不要太大，避免炒焦而有苦味跑出来。

罗勒叶

香气十足的罗勒叶，是最佳的提香材料，还能装饰点缀菜肴。通常在烹调的最后才加入罗勒叶，否则加热过久香味会变淡，同时会有苦味产生。

香菜

香菜具有提香作用，香味属于温和清香型，不像罗勒那么浓郁。其不适合长时间烹调，通常在烹饪的最后撒在鱼上，作为提香与装饰用。

必备的锅具、炉具

铁锅

铁锅是中式烹饪必备的锅具，适用于各种烹调方式，在使用上最为方便，不论煎、煮、炒、炸、蒸都可以轻松应付，一锅用到底，可避免因购买太多锅具而无法妥善收纳的难题。另外，铁锅搭配蒸笼就可以做蒸煮烹饪，虽然没有电锅方便，火候与时间的掌控，也需要经验才能拿捏得恰到好处，但可以调控火候，尤其用大火蒸鱼，可以缩短时间，味道也会更好。

平底锅

平底锅的容量较小，用处也比较局限，但用来煎鱼会比其他锅具合适。平底可以让油平均分布，不会像铁锅那样容易油量中央多、周围少，所以，对鱼熟度的控制比较好。也不会因为锅底是圆球形而在加热后让鱼身变得弯曲不平。选择平底锅，还可以避免鱼皮因为粘锅而破掉，煎出来的鱼会更漂亮。

传统电锅

传统电锅除了煮饭之外，也是用来蒸、炖或加热菜肴最方便的锅具，利用它可以做出各式各样的菜肴，是现代人最方便的好帮手。家中没有蒸笼时，传统电锅可发挥蒸煮的功能。另外，锅内只要没粘上汤汁或菜肴，不必每次使用后都清洗。传统电锅烹调的温度不能设定或调整，锅中加一杯水时，大约蒸煮15分钟开关就会跳起。把热水加入锅中，蒸煮的火力相当于大火；把冷水加入锅中，则接近小火烹调。

微波炉

微波炉是现代烹调的常用厨具，早期的微波炉功能较少，大多数时候只用来加热食物，现在的微波炉功能越来越多，不但能煮、能炖，还能蒸、能烤，在购买时要先货比三家才能选择一个最适合自己的。使用微波炉时有火力强弱之别，与传统煤气灶的大、小火作用相同，使用前一定要先阅读使用手册，才能正确操作。

蒸笼

蒸笼是蒸煮时不可缺少的重要厨房用具。以材质来分，有竹制蒸笼和金属制蒸笼两种，它们在外形与功能上差异不大。

竹制蒸笼蒸出来的食物会吸收淡淡的竹香，做出的烹饪更具特色，这是因为竹子的传热及散热速度不快，蒸热之后便有保存食物原味与保温的作用，且最重要的是不会滴水在食物上，使做出来的菜肴口感更好，但在清洁上则较费力；金属制的蒸笼在使用和清洁上都较为方便，除了传统的铁制蒸笼之外，也有不锈钢等其他材质的制品。

不同材质的蒸笼，价格差异较大，蒸煮的效果也不同，可依照使用频率高低，选择适当价位的产品。

煎烤烹煮一次就上手

烤鱼较容易熟，烤鱼时烤箱温度不能过高，以免将鱼烤焦。预热烤箱更能达到“事半功倍”的效果。另外，烤也能逼出一些鱼的油脂，是简单又健康的鱼肉烹饪方式。

煮鱼为了保持鱼肉本身的完整，西餐烹饪会以水或高汤来煮鱼。通常先以大火煮沸后再转中火煮熟，最后关火以余温浸泡一下，使鱼肉能吸收汤汁入味。

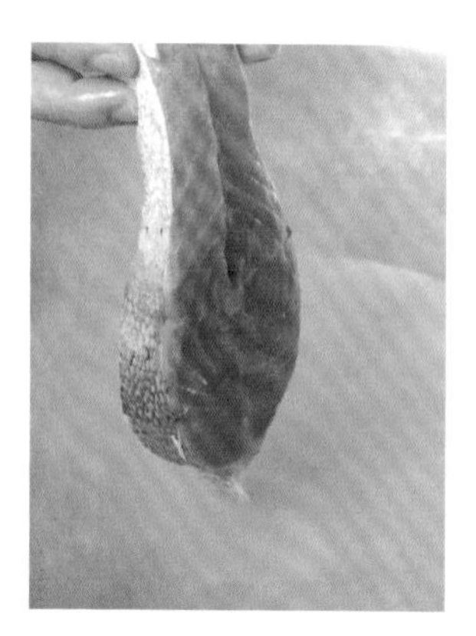

炒是最常见的家常烹饪方式，利用大火结合热油，并掌握火侯和调料的添加量，就能做出好吃的鱼类菜肴。

烧就是要让食材吸收汤汁入味。酱料中的酱油、糖等调料容易被煮焦，须以小火慢烧，也易于食材入味。

炸比较适合肉质较硬的鱼，油炸前，鱼肉要裹粉，或是沾蛋液、面糊。油炸时，注意油量必须盖过鱼肉，油温不能过高。油炸会让鱼肉呈现外酥内嫩的口感。

蒸最能留住鱼的鲜味，而且做的方法也比较简单。除了用一般的铁锅蒸鱼外，也可以用电锅蒸鱼，快速且方便。

煎是鱼烹饪最常用也是最难的方式，更是初学者心中最怕的烹饪方式，怕油爆、更怕鱼肉粘锅。烹饪前除了要将鱼肉上的水拭干、撒上薄面粉或裹上面衣，还可以使用不粘锅煎出漂亮、完整的鱼。除此之外，还有一些小窍门，即先将冷油加入锅中烧热，再倒出油，保证整个锅子够热，这叫“养锅”。完成“养锅”后，再加入新油，即可煎鱼。

PART 1

炒炸鱼

鱼经过炒、炸之后，口感酥脆、香飘千里。炒炸鱼看似简单，也需掌握正确的方法和烹饪技巧，方可做得出神入化。比如说，烹饪前将鱼身水分吸干，特别是鱼肚内也要保持干燥，避免油炸时油滴喷溅；鱼块大小要适中，使其受热均匀，避免炒太久将其炒老等。掌握这些技巧后，跟着本章介绍的多种炒炸鱼做法，您就能轻松应对了。

宫保鱼丁

材料

旗鱼肉	200克
葱段	20克
蒜末	5克
蒜香花生	30克
油	适量
水淀粉	1/2茶匙
淀粉	1大匙

调料

酱油	3茶匙
鸡蛋清	1茶匙
白醋	1茶匙
糖	1茶匙
料酒	1茶匙
水	1大匙
香油	1茶匙
盐	少许

做法

1. 先将旗鱼肉切成约1.5厘米大小的丁状，放入大碗中，再放入1茶匙酱油、鸡蛋清、淀粉混合拌匀，备用。
2. 热油锅至约150℃，将混合拌匀后的鱼丁放入油锅内炸约2分钟，至表面酥脆后，起锅沥干油。
3. 将剩余酱油和白醋、糖、料酒、水、水淀粉调匀成兑汁，备用。
4. 热锅内倒入适量油，以小火爆香葱段、蒜末，再放入炸好的鱼丁，转大火快炒5秒钟后，边炒边将兑汁淋入，加入少许盐，翻炒均匀。
5. 最后撒上蒜香花生，淋上香油即可。

蒜香吻仔鱼

材料

吻仔鱼300克，蒜末、姜末、红辣椒末各10克，青蒜末5克，油适量

调料

酱油1小匙，糖1/4小匙，料酒1/2大匙，盐、陈醋各少许

做法

1. 吻仔鱼洗净沥干；锅中放少许油，待油烧热，放入吻仔鱼略炸至微干，捞出沥干油。
2. 另取锅烧热后，倒入少许油，放入蒜末、姜末爆香，再放入红辣椒末、青蒜末炒香。
3. 最后加入炸过的吻仔鱼和所有调料，翻炒均匀即可。

清炒鱼片

材料

鱼肉300克，姜丝10克，辣椒1个，胡萝卜、小黄瓜、玉米笋、葱各20克，淀粉、油各适量

调料

盐、白糖各1小匙，蘑菇精0.5小匙，水60毫升，香油、料酒各2小匙

做法

1. 将鱼肉去腥后，切成适当大小的鱼片。
2. 将鱼片均匀地裹上淀粉，放入沸水中汆烫约1分钟至熟透后捞出，晾凉备用。
3. 将胡萝卜、玉米笋切片，分别汆烫捞出备用；小黄瓜切片；葱切成葱段；辣椒切片，备用。
4. 另起油锅，将葱段、姜丝、辣椒片放入锅中爆香，再将除香油外的所有调料放入锅中一同翻炒至沸腾。
5. 再将鱼片、烫熟的胡萝卜和玉米笋以及小黄瓜片加入锅中，以大火快速翻炒均匀，盛盘后淋入香油即可。

五彩糖醋鱼

材料

鲜鱼1条，油适量，淀粉适量，
姜、青椒、洋葱、红甜椒、玉米粒、菠萝片各10克

调料

番茄酱2大匙，糖、白醋各4大匙，盐1/2小匙，料酒适量

做法

1. 鲜鱼洗净沥干，用盐、料酒腌制约15分钟，裹上淀粉，放入烧热的油锅中炸至两面金黄色，盛出备用。
2. 姜、青椒、洋葱、红甜椒均切丁；菠萝片切小块。
3. 热锅，倒入油，爆香姜后，放入青椒丁、洋葱丁、红甜椒丁、玉米粒、菠萝块以及番茄酱、糖、白醋，一同以小火煮匀，即为五彩糖醋酱。
4. 将炸好的鱼放入大盘中，淋上五彩糖醋酱即可。

烟熏黄鱼

材料

黄鱼1条，姜片、葱段各15克，面粉、油各适量

调料

料酒1大匙，盐1小匙，糖适量

做法

1. 先将黄鱼洗净，再与姜片、葱段和所有调料混合拌匀，腌约15分钟备用。
2. 将腌好后的黄鱼沾上面粉，放入热油锅中炸至金黄色，捞起沥干油。
3. 另取一锅，于锅中铺上铝箔纸，撒上烟熏料拌匀，放上铁网架，再在铁网架上放上炸好的黄鱼，并盖上锅盖。
4. 以中火加热至锅边冒烟，转小火再焖约5分钟后熄火，撒上糖即可。

三杯鱼块

材料

鱼肉	250克
大蒜	30克
淀粉	4大匙
姜片	4片
辣椒	1个
罗勒	适量
油	适量
水	240毫升

调料

胡麻油	3大匙
酱油	3大匙
白糖	1大匙
料酒	3大匙
胡椒粉	1/2大匙
辣豆瓣酱	1大匙
陈醋	1大匙
盐	少许
葱	少许

做法

1. 将鱼肉用少许盐、葱、姜片和料酒腌制约30分钟后，取出切块，并将鱼块均匀沾上淀粉。将大蒜放入油温约150℃的油锅中，炸约1分钟，呈金黄色后捞出，备用。
2. 辣椒切段；将胡麻油放入炒锅中，再放入姜片及辣椒段爆香。
3. 将沾有淀粉的鱼块放入油温150℃的油锅中炸约3分钟，呈金黄色后捞出，备用。
4. 向爆香的姜片及辣椒段的锅中倒入辣豆瓣酱，翻炒均匀。
5. 再放入剩余调料一同翻炒，然后将炸好的鱼块和大蒜放入，以中火烧煮至收汁，最后加入罗勒稍翻炒，盛盘即可。

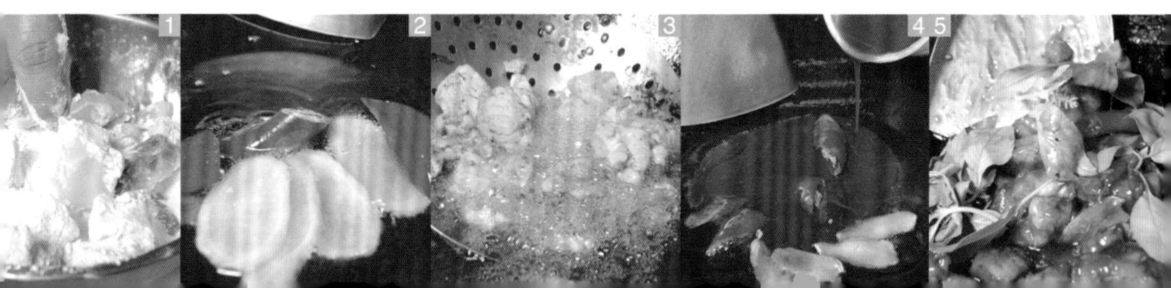

酱爆鱼片

材料

旗鱼肉	200克
青椒	50克
红甜椒	30克
辣椒	1个
大蒜	15克
葱段	15克
油	200毫升
淀粉	2大匙

调料

酱油	2大匙
料酒	3茶匙
鸡蛋清	2茶匙
甜面酱	1大匙
水	1.5大匙
白糖	1茶匙
香油	1茶匙

做法

1. 先将旗鱼肉切厚片，放入大碗中和1大匙酱油、2茶匙料酒、鸡蛋清、1大匙淀粉混合拌匀；青椒和红甜椒洗净后，去籽切小块；辣椒去籽切小片；大蒜切片。
2. 将1大匙酱油、甜面酱、水、白糖、1茶匙料酒、1大匙淀粉调匀成兑汁，备用。
3. 热锅，倒入油，烧热至约160℃，放入旗鱼片，以大火炒至鱼片表面微焦，再捞起沥干油。
4. 锅底留少许油，以小火爆香大蒜片、葱段、辣椒片，再放入青椒和红甜椒略炒，接着放入炸好的旗鱼片，以大火快炒5分钟后，边炒边将兑汁淋入炒匀，最后淋上香油即可。

三杯炒旗鱼

材料

旗鱼约200克，辣椒片10克，姜片5克，大蒜片15克，葱段20克，罗勒适量

调料

酱油、料酒、香油各1大匙，糖1小匙，盐、白胡椒粉各少许

做法

1. 将旗鱼洗净切块，用餐巾纸吸干水备用。
2. 起锅，加入香油烧热，放入葱段、大蒜片、姜片及辣椒片爆香。
3. 再加入旗鱼块一起翻炒，然后放入剩余调料以中火炒香，最后放上罗勒点缀即可。

吻仔鱼炒苋菜

材料

吻仔鱼50克，苋菜300克，蒜末15克，姜末5克，胡萝卜丝10克，热高汤150毫升，水淀粉适量，油2大匙

调料

盐、鸡精各1/4小匙，料酒1/2大匙，白胡椒粉、香油各少许

做法

1. 吻仔鱼洗净沥干；苋菜洗净切段，放入沸水中汆烫约1分钟，捞出沥干备用。
2. 起锅，倒入2大匙油，放入姜末、蒜末爆香，再放入吻仔鱼炒香。
3. 加入苋菜段及胡萝卜丝翻炒均匀，再加入热高汤和调料（除香油外）一同拌匀。
4. 最后以水淀粉勾芡，淋上香油即可。

香菜炒丁香鱼

材料

丁香鱼150克，葱30克，香菜35克，大蒜20克，辣椒1个，油适量

调料

淀粉约3大匙，白胡椒盐1茶匙

做法

1. 将丁香鱼洗净沥干；葱、香菜切小段；大蒜及辣椒切细碎，备用。
2. 起油锅，油温烧至180℃，将丁香鱼裹上一层淀粉，下油锅，以大火炸约2分钟，至表层酥脆，即可捞起沥干油，备用。
3. 起炒锅，热锅后加入少许油，以大火略爆香葱段、蒜碎、辣椒碎，加入丁香鱼，再均匀撒入白胡椒盐，以大火快速翻炒均匀，最后撒上香菜段即可。

花生炒丁香鱼

材料

丁香鱼干50克，蒜香花生70克，葱20克，辣椒2个，大蒜15克，油少许

调料

酱油、水、香油各2大匙，白糖1大匙

做法

1. 丁香鱼干略冲洗，沥干；葱洗净，沥干，切段；辣椒洗净，沥干，切斜片；大蒜切碎，备用。
2. 取锅，倒入油烧热，以小火爆香葱段、辣椒片、蒜碎，再放入丁香鱼干，以中火炒约10秒钟至略干。
3. 加入酱油、水及白糖，以小火炒约2分钟至水分收干后，再加入蒜香花生翻炒均匀，最后淋上香油即可。

蒜椒鱼片

材料

鲜鱼肉	180克
大蒜	60克
辣椒	2个
油	2大匙
淀粉	1茶匙

调料

料酒	1茶匙
鸡蛋清	1大匙
盐	1/2茶匙
鸡精	1/2茶匙

做法

1. 将鲜鱼肉切成厚约1/2厘米的片状，再用淀粉、料酒、鸡蛋清抓匀，备用。
2. 大蒜、辣椒均切末，备用。
3. 将鲜鱼片放入沸水中汆烫约1分钟至熟，即可装盘备用。
4. 热锅，倒入油，加入蒜末、辣椒末、盐、鸡精，以小火炒约1分钟，至香味飘散即起锅，淋在烫好的鱼片上即可。

酸辣鱼皮

材料

鱼皮 300克，圆白菜60克，竹笋、葱各50克，胡萝卜15克，红辣椒2个，姜10克，水50毫升，水淀粉1茶匙，油少许

调料

盐、鸡精各1/6茶匙，陈醋1大匙，料酒、白糖、香油各1茶匙

做法

1. 鱼皮汆烫后冲凉水；圆白菜、胡萝卜、竹笋切片；红辣椒切末；葱切段；姜切丝，备用。
2. 热锅加入少许油，以小火爆香葱段、姜丝及红辣椒末，再加入鱼皮、圆白菜片、笋片及胡萝卜片炒匀。
3. 淋上料酒后继续炒，加入剩余调料（除水淀粉、香油外），以中火炒至圆白菜片略软，再以水淀粉勾芡，最后淋上香油即可。

酸菜炒鱼肚

材料

鱼肚170克，酸菜100克，姜20克，红辣椒2个，油1大匙

调料

盐1/4小匙，白糖、白醋、料酒各1大匙，水50毫升，水淀粉、香油各1小匙

做法

1. 将鱼肚、酸菜分别洗净，切丝；姜及红辣椒均切丝，备用。
2. 热锅后，加入油，以小火爆香姜丝、辣椒丝，再加入鱼肚丝、酸菜丝，转大火炒匀。
3. 再加入剩余调料（除水淀粉、香油外），翻炒约1分钟；最后用水淀粉勾芡，淋上香油即可。

椒麻炒鱼柳

材料

鲷鱼片400克，大蒜15克，红辣椒片10克，葱20克，淀粉2大匙，油适量

调料

花椒粉、香油各1小匙，辣椒油、料酒各1大匙，盐、白胡椒粉各适量

做法

1. 鲷鱼片用水冲洗，沥干，切长条状，再裹上淀粉，备用；大蒜、葱均切碎。
2. 将裹上淀粉的鲷鱼片放入油温150℃的油锅中，炸至外观呈金黄色后，再以220℃的油温炸约5秒钟，即捞起沥干油。
3. 另取锅，加入少许油烧热，加入大蒜碎、红辣椒片、葱碎和所有调料一同爆香，最后加入炸好的鱼条，以中火轻轻翻炒均匀即可。

蒜尾炒鱼柳

材料

鲷鱼120克，蒜尾段50克，芹菜梗15克，辣椒片、蒜末、姜末各10克，油2大匙

调料

盐、酱油、陈醋各少许，白糖1/4小匙

做法

1. 鲷鱼洗净，切成条状。
2. 起锅，倒入油烧热，加入蒜末、姜末和辣椒片爆香，再放入鲷鱼条翻炒均匀。
3. 加入蒜尾段、芹菜梗和剩余调料翻炒入味即可。

蜜汁鱼下巴

材料
鲷鱼下巴400克，姜10克，大蒜5克，油3大匙，水100毫升

调料
料酒1大匙，酱油2大匙，白糖3大匙

做法
1. 先将鲷鱼下巴洗净，以厨房纸巾擦干；姜、大蒜切末，备用。
2. 热锅，倒入油，将鱼下巴放入锅内煎至两面呈金黄色后取出。
3. 煎完鱼下巴后，锅底留少许油，放入姜末、蒜末炒香，再加入料酒、酱油、水及白糖煮沸；此时加入炸好的鱼下巴，转中火煮沸，边煮边翻炒鱼下巴，至汤汁收干呈浓稠状即可。

酥炸鱼柳

材料
鲷鱼肉100克，鸡蛋1个，淀粉2大匙，油适量

腌料
鱼露1/2大匙，椰糖1小匙，蒜末1/4小匙，红辣椒末、香菜末各少许

做法
1. 鲷鱼肉洗净，切条状；鸡蛋打散后和淀粉拌匀，备用。
2. 将所有的腌料混合均匀，即为泰式炸鱼腌酱，备用。
3. 将鲷鱼条加入泰式炸鱼腌酱，腌制约10分钟。
4. 将鲷鱼肉表面均匀沾上鸡蛋与淀粉的混合液备用。
5. 热锅，倒入稍多的油，待油温热至约180℃，放入鲷鱼条，以中火炸至表面金黄且熟透即可。

美人腿炒鱼片

材料
茭白200克，鲷鱼片150克，胡萝卜片5克，葱段、姜片、甜豆荚各10克，油适量

腌料
盐、白胡椒粉各1/2小匙，料酒、淀粉各1大匙

调料
鱼露2大匙，料酒1大匙，糖1小匙

做法
1. 甜豆荚烫熟；茭白切滚刀块，煮1～2分钟捞起，沥干备用。
2. 鲷鱼片加入腌料抓匀，腌约15分钟后，入油锅过油捞起，备用。
3. 热锅，加入适量油，放入葱段、姜片、胡萝卜片炒香，再加入茭白、腌好的鲷鱼片及所有调料翻炒均匀。
4. 最后起锅前加入烫熟的甜豆荚，炒匀配色即可。

油爆石斑片

材料
石斑鱼片100克，鸡蛋1个，油适量，青芦笋、香菇、胡萝卜片、淀粉各50克

调料
白糖、盐各1/2小匙

做法
1. 将淀粉与鸡蛋清混合均匀，并均匀裹在石斑鱼片上，备用。
2. 青芦笋切段；香菇切片，备用。
3. 热1大匙油，将沾有淀粉和鸡蛋清混合液的石斑鱼片，稍微过油，捞起沥干油，备用。
4. 另热1小匙油，加入过油后的石斑鱼片以及青芦笋、香菇片、胡萝卜片和所有调料，一同快速翻炒约1分钟，均匀入味即可。

韭黄鳝糊

材料

鳝鱼100克，韭黄80克，姜10克，油适量，
红辣椒、大蒜各5克，香菜2克，水淀粉1大匙

调料

糖、料酒各1大匙，
酱油、蚝油、白醋、香油各1小匙

做法

1. 鳝鱼放入沸水中煮熟，捞出放凉后撕成小段，备用。
2. 韭黄切段；姜切丝；红辣椒切丝；大蒜切末，备用。
3. 热锅倒入适量油，放入姜丝、红辣椒丝爆香，再放入韭黄段炒匀。
4. 将撕好的鳝鱼段和除香油外的所有调料翻炒均匀，再用水淀粉勾芡盛盘。
5. 再撒上蒜末、香菜，最后淋上香油即可。

蒜酥鱼块

材料

鲈鱼肉300克，葱花20克，辣椒末5克，
蒜头酥30克，淀粉、油各适量

调料

盐1小匙，鸡蛋清1大匙

做法

1. 鲈鱼肉洗净，先切小块后再切花刀，用厨房纸巾吸干水分，与盐和鸡蛋清拌匀。
2. 将拌匀后的鲈鱼块均匀裹上淀粉。
3. 热油锅，待油温烧热至约160℃，放入裹上淀粉的鲈鱼块，以大火炸约1分钟，至表面酥脆时，捞出沥干油。
4. 锅中留少许油，以小火炒香葱花及辣椒末，再加入蒜头酥、鲈鱼块及剩余盐炒匀即可。

红糟鱼

材料

海鳗鱼肉600克，面粉20克，淀粉100克

调料

蒜末30克，红糟酱2大匙，酱油1大匙，
料酒1茶匙，五香粉1/2茶匙，蒜泥酱油1小匙

做法

1. 先将海鳗鱼肉切块，放入大碗中，加入所有调料拌匀，腌约30分钟，再加入面粉拌匀。
2. 将拌匀后的海鳗鱼肉均匀沾裹上淀粉，静置1分钟，备用。
3. 热油锅，待油温烧热至约180℃，放入腌制好的鱼块，以中火炸约10分钟至金黄酥脆时，捞出沥干油即可。食用时可蘸蒜泥酱油。

松鼠黄鱼

材料

黄鱼1条，青椒1/2个，辣椒1个，香菇2朵，
淀粉适量，葱末10克，姜35克，水淀粉1/2小匙

调料

番茄酱2大匙，料酒、水各1大匙，
糖、陈醋各8大匙，盐1/2小匙

做法

1. 黄鱼洗净，剖成片状，去中骨刺、肚刺，鱼身切波浪刀法，加葱末、姜（取10克）、料酒、盐，腌约10分钟。
2. 将腌好的黄鱼沾裹上淀粉；起油锅，将裹有淀粉的黄鱼放在400毫升、油温约120℃的油中炸8分钟，再以高温逼油，捞起盛盘。
3. 青椒、辣椒切小丁，剩余姜切末，香菇泡软切小丁，一同爆香；再放入剩余调料炒匀，最后淋在炸好的鱼身上即可。

酥炸黄金柳叶鱼

材料

黄金柳叶鱼300克，姜片、葱段各10克，面粉、鸡蛋液、面包粉、油各适量

调料

盐1/2小匙，料酒1大匙，白胡椒粉少许

做法

1. 黄金柳叶鱼处理后洗净，与姜片、葱段及所有调料混合，腌约10分钟备用。
2. 将腌好的黄金柳叶鱼取出，依序均匀沾裹上面粉、鸡蛋液、面包粉，备用。
3. 热锅，倒入稍多的油，待油温热至60℃，放入黄金柳叶鱼炸至表面上色。
4. 接着转大火，再将黄金柳叶鱼炸至酥脆，捞出，沥干油即可。

炸银鱼

材料

银鱼200克，脆浆粉100克，油适量

调料

盐、鸡精、白胡椒粉各1/4小匙，椒盐粉1小匙

做法

1. 银鱼洗净沥干，加入所有调料（除椒盐粉外）拌匀，备用。
2. 脆浆粉以250毫升水调匀成糊，备用。
3. 热一锅油，油温约至150℃，将拌好的银鱼逐条沾上脆浆粉糊，再放入油锅炸至金黄色，捞起沥干油装盘，食用时蘸椒盐粉即可。

酥炸鳕鱼

材料

鳕鱼300克，淀粉、油各适量

调料

盐、鸡精各1/8小匙，黑胡椒粉1/4小匙，料酒、椒盐粉各1小匙

做法

1. 将鳕鱼摊平，将所有调料（除椒盐粉外）均匀抹在两面上，腌制约5分钟。
2. 将腌好的鳕鱼两面都沾上淀粉，备用。
3. 热一锅油至约150℃，将沾有淀粉的鳕鱼放入油锅炸至金黄色，捞起沥干油装盘，食用时蘸椒盐粉即可。

黄金鱼排

材料

鳕鱼片250克，面粉、鸡蛋液、面包粉、圆白菜丝、蛋黄酱、油各适量

调料

盐1/4小匙，料酒1大匙，葱段、姜片各10克

做法

1. 鳕鱼片洗净切小片，加入所有调料，腌约10分钟备用。
2. 取出腌好的鱼片，依序沾裹上面粉、鸡蛋液、面包粉，静置一下，备用。
3. 热锅，倒入稍多的油，待油温热至160℃，放入鱼片炸2～3分钟，捞出，沥干油。
4. 将炸好的鱼排与圆白菜丝一起盛盘，淋上蛋黄酱即可。

椒盐鱼块

材料
鱼肉300克，蒜末10克，葱花20克，辣椒末5克，淀粉50克，油适量

调料
盐1/4小匙，鸡蛋清1大匙，椒盐粉1茶匙

做法
1. 先将鱼肉切小块，再切花刀，用厨房纸巾吸干水，放入大碗中，加入所有调料（除椒盐粉外）拌匀。
2. 将拌匀后的鱼肉均匀沾裹上淀粉。
3. 热一锅油，将油温烧热至约160℃，放入裹好淀粉的鱼肉，以大火炸约1分钟至表皮酥脆时捞出沥油。
4. 将炸鱼肉的油倒出，锅底留少许油，以小火炒香蒜末、葱花及辣椒末，加入炸好的鱼肉及椒盐粉炒匀即可。

香酥香鱼

材料
香鱼150克，淀粉、油各适量

腌料
盐1/2小匙，料酒1大匙，葱段10克，姜片5克

调料
胡椒盐适量

做法
1. 香鱼洗净，加入所有腌料，腌制约10分钟，备用。
2. 将腌好的香鱼均匀沾裹上淀粉，备用。
3. 热锅倒入稍多的油，放入香鱼炸至表面金黄酥脆。
4. 香鱼起锅，撒上胡椒盐即可。

蜜汁鱼条

材料

鱼肉	250克
淀粉	2小匙
香菜末	少许
蒜末	2小匙
白芝麻	1小匙
油	适量
水	100毫升

调料

料酒	2小匙
蜂蜜	60毫升
盐	1/4小匙
白醋	1小匙

做法

1. 将鱼肉切长条；将所有面糊材料调匀。
2. 将切好的鱼条均匀沾上淀粉，并裹上调匀的面糊，放入油温150℃的油锅中，炸约3分钟后呈金黄色捞出，备用。
3. 另热一锅，将蒜末放入锅中爆香，再加入所有调料一起翻炒均匀，沸腾后，拌入炸好的鱼条与香菜末，一同翻炒。
4. 最后撒上白芝麻，拌一下即可。

面糊

面粉1杯，水180毫升，油60毫升，淀粉、蛋黄粉各1大匙。搅匀即可。

香蒜鲷鱼

材料

鲷鱼片　100克
葱　20克
大蒜　30克
红辣椒　1/2个
中筋面粉　7大匙
淀粉　1大匙
色拉油　1大匙
吉士粉　1小匙

调料

盐　1/2小匙
七味粉　1大匙
白胡椒粉　少许

做法

1. 鲷鱼片洗净切小片，均匀沾裹上中筋面粉、淀粉、色拉油、吉士粉混合材料；大蒜切片；葱切小片；红辣椒切菱形片，备用。
2. 热锅倒入稍多的油，放入沾裹好的鲷鱼片炸熟，捞起沥油，备用。
3. 再将大蒜片放入锅中，炸至香酥即成蒜酥，捞起沥油，备用。
4. 锅中留少许油，放入葱片、红辣椒片爆香，再放入炸好的鲷鱼片、蒜酥及所有调料翻炒均匀即可。

PART 2

煎烧鱼

煎鱼最怕煎得破损难看，所以在煎的过程中要避免时常翻动鱼身。翻面时要待鱼的周围呈现略干状态，用锅铲从鱼背慢慢铲起，接着将鱼腹慢慢铲松，再翻面煎至两面金黄即可。这样煎烧出来的鱼不但美味，而且外观完整，尤其是在最后出锅之前，滴上少许香油，鱼之香气直逼鼻翼，让您的味蕾跃跃欲试。下面就跟着本章介绍的多种煎烧鱼方法做起来吧！

香煎鳕鱼

材料

鳕鱼	300克
淀粉	1/2碗
葱花	30克
蒜末	15克
辣椒末	5克
油	2大匙

腌料

盐	适量
胡椒粉	1/4茶匙
料酒	1茶匙
水	2茶匙

做法

1. 用小刀将鳕鱼的鳞片刮除，洗净沥干。
2. 将所有腌料（除水外）均匀抹在鳕鱼片的两面，腌约10分钟。
3. 将腌好的鳕鱼片两面都沾上淀粉备用。
4. 热锅，加入油，将沾好淀粉的鳕鱼片下锅，以小火煎至两面呈金黄色后装盘。
5. 锅底留少许油，将葱花、蒜末和辣椒末下锅炒香，加入水煮开，淋在鱼上即可。

关键提示

鳕鱼因为含有较高的油脂，所以在烹调时，会比其他鱼类熟得更快。鳕鱼片的厚度也决定了烹调所需时间的长短，若要煎得又快又美味，最好选择1~2厘米厚的鳕鱼最恰当。鳕鱼表面水分多，油煎时较容易碎，沾淀粉后再煎，可以让表面形成一层薄外衣，不但不容易破碎，吃起来也更酥脆。

香煎鲳鱼

材料

白鲳鱼1条（约200克），姜片1片，色拉油50毫升，面粉60克，柠檬1/4个，葱段适量

调料

盐5克，料酒100毫升，花椒盐适量

做法

1. 白鲳鱼清洗干净，在鱼身两面划上数刀。
2. 葱段、姜片和所有调料抹在鱼身上，腌约20分钟后，撒上一层薄薄的面粉备用。
3. 取锅，加入色拉油烧热后，放入撒有面粉的白鲳鱼，以大火先煎过，改转中火煎熟至酥脆，即可盛盘。
4. 可搭配柠檬和花椒盐一起食用。

煎带鱼

材料

带鱼400克，淀粉、油各适量，大蒜、姜丝、辣椒丝各10克

调料

盐1小匙，料酒1/2大匙

做法

1. 带鱼洗净沥干，加入料酒、盐抹均匀，腌约10分钟，备用。
2. 将腌好的带鱼沾上淀粉，静置2分钟，备用。
3. 热锅，加入油，放入沾好淀粉的带鱼，煎至一面上色，再翻面，再放入大蒜、姜丝、辣椒丝煎炒，待带鱼煎熟即可。

关键提示

可在锅底均匀涂抹上姜汁，也可以在锅中撒入少许的盐，再利用热锅冷油的方式煎鱼。刚入锅的时候不要急着用锅铲翻动，可以轻晃锅子，如果鱼顺利滑动，再小心翻面继续煎熟，这样煎出来的鱼就不容易粘锅。

酱汁煎秋刀

材料

秋刀鱼2条，蒜末30克，葱丝20克，油少许，辣椒丝适量

调料

酱油、料酒各1大匙，陈醋、白糖各2茶匙，水2大匙，盐适量

做法

❶ 先将秋刀鱼去内脏，洗净沥干，再切去头尾后对切成两段。

❷ 热锅，加入约2大匙油，将秋刀鱼段下锅，以小火煎熟，至两面焦香时取出，盛盘备用。

❸ 另热一锅，加入少许油，以小火爆香蒜末，再加入所有调料，待煮沸后，将其淋在煎好的秋刀鱼上，再摆上葱丝及辣椒丝即可。

关键提示

秋刀鱼因为体型较长，很容易在煎时受热不均匀，导致烹饪时间过长。因此，可以将秋刀鱼切段，减少烹饪时间。

蛋汁煎鱼片

材料

鲷鱼肉300克，苜蓿芽30克，淀粉1大匙，鸡蛋1个，色拉油少许

调料

盐、白胡椒粉各1/4茶匙，料酒2大匙，沙拉酱2大匙

做法

❶ 将鲷鱼肉斜切成长方形大块，再放入大碗中，加入所有调料，腌制1分钟，备用。

❷ 鸡蛋打散；热平底锅，倒入少许色拉油，将腌好的鱼片沾上蛋液后放入平底锅中，以小火煎约2分钟后，翻面再煎2分钟至熟。

❸ 取一盘，将苜蓿芽放置盘中垫底，把煎好的鱼片排放至苜蓿芽上，再挤上沙拉酱即可。

关键提示

煎鱼片时抹上少许蛋液，不但能让鱼片不容易碎裂，更能增加鱼片的香气，吃起来也滑嫩美味。

蒜香煎三文鱼

材料

三文鱼　350克
大蒜　15克
姜片　10克
柠檬片　1片
油　少许

腌料

盐　1/2小匙
料酒　1/2大匙

做法

1. 三文鱼洗净沥干，放入姜片、盐和料酒，腌约10分钟，备用。
2. 热锅，锅面上刷上少许油，再放入腌好的三文鱼，煎约2分钟。
3. 将三文鱼翻面，放入大蒜一起煎至表面呈金黄色，取出盛盘，放上柠檬片点缀即可。

关键提示

因为三文鱼是属于油脂较多的鱼类，因此在煎三文鱼的时候，可以不用加入太多的油，以刷油的方式代替倒油，可减少油脂，避免三文鱼吸收过多的油而破坏风味，且用刷油的方式也可以让锅面不易沾黏。

普罗旺斯煎鳕鱼

材料
鳕鱼约200克，杏鲍菇100克，葱20克，洋葱50克，大蒜15克，油适量

调料
普罗旺斯香料、香油各1小匙，料酒1大匙，黑胡椒粒、盐各少许

做法
1. 鳕鱼洗净，再使用餐巾纸吸干水备用；杏鲍菇切片；葱切末；洋葱切丝；蒜切片。
2. 起锅，加入油烧热，再放入鳕鱼，以小火将鳕鱼两面煎至上色，盛盘备用。
3. 锅内留少许油，放入葱末、大蒜片、洋葱丝、杏鲍菇片，以中火爆香，再加入所有的调料炒香后，淋在煎好的鳕鱼上即可。

红糟鱼片

材料
鲷鱼450克，蒜苗80克，姜片10克，淀粉适量，色拉油2大匙

腌料
红糟酱20克，料酒、鸡蛋液各1大匙，白糖1/4小匙

调料
红糟酱、料酒、水各1大匙，白糖少许，姜汁1小匙

做法
1. 鲷鱼切片洗净，加入所有的腌料拌匀；腌15分钟后，再加入淀粉拌匀，放置约5分钟，备用。
2. 将腌好的鱼片放入130℃的油锅中，过下油，捞出，沥油备用。
3. 另取锅烧热，加入色拉油，放入姜片、蒜苗片和所有调料炒匀，再放入炸好的鱼片，翻炒至入味即可。

干煎鱼肉

材料

鱼肉300克，莴苣2片，油3大匙

做法

1. 将鱼肉洗净备用。
2. 将莴苣叶洗净，摆于盘边做装饰。
3. 取锅，倒入油烧热，锅内放入鱼肉，煎约2分钟。
4. 再翻面煎约2分钟，把鱼肉煎至金黄色，盛盘即可。

香煎柳橙芥末三文鱼

材料

三文鱼片约160克，西红柿30克，油10毫升，百里香叶碎2~3克

调料

法式芥末酱30克，蜂蜜10毫升，柳橙汁20毫升，盐、白胡椒粉、西芹叶碎各适量

做法

1. 西红柿去蒂、切成厚片，撒上适量盐、白胡椒粉、百里香叶碎，并加入油，然后放进以160℃温度预热5分钟的烤箱中，以180℃烤约10分钟，取出备用。
2. 将剩余调料（西芹叶碎除外）拌匀后，涂在三文鱼片上，腌约5分钟至入味，备用。
3. 热油锅，以中火将腌好的三文鱼片煎熟后排盘，再摆上烤好的西红柿，撒上西芹叶碎即可。

吻仔鱼煎蛋

材料

吻仔鱼70克，鸡蛋4个，葱花20克，蒜末5克，油2大匙

调料

盐1/4小匙

做法

1. 先将鸡蛋打入碗中，与葱花及盐一起拌匀，备用。
2. 热锅，加入少许油，以小火爆香蒜末后，加入吻仔鱼，炒至鱼身干香后起锅，再将炒过的吻仔鱼加入蛋液中拌匀。
3. 热锅，加入2大匙油烧热，倒入拌有吻仔鱼的蛋液，煎至蛋液呈两面焦黄即可。

关键提示

通常从市场买到的吻仔鱼都已经事先烫煮过，也有咸味，因此做这道菜时，不需要再添加过多的盐，以免太咸。

干煎虱目鱼肚

材料

虱目鱼肚1片，柠檬（装饰用）1个，香芹（装饰用）1棵

腌料

料酒1大匙，香油、酱油各1小匙，盐、白胡椒粉各少许

做法

1. 先将虱目鱼肚洗净，与腌料混匀，腌制约10分钟，备用。柠檬切块；香芹切段，摆盘装饰。
2. 将腌制好的虱目鱼肚以餐巾纸吸干水，备用。
3. 取一个不粘锅，将拭干的虱目鱼肚放入锅中，以小火将虱目鱼肚煎至双面上色且熟透，装盘，用柠檬、香芹装饰即可。

关键提示

虱目鱼肚可以到大卖场选购已处理好的，不仅烹调方便，也比直接买一整条便宜，而且口感也不差。

糖醋鱼

材料

鱼肉 600克
什锦蔬菜丁 200克
葱段 50克
姜片 30克
油 适量
淀粉 1/2碗（约100克）
水淀粉 1茶匙

调料

盐 1/4茶匙
白胡椒粉 1/4茶匙
料酒 2大匙
水 4大匙
番茄酱 2大匙
白醋 2大匙
白糖 2.5大匙
香油 1大匙

做法

1. 鱼洗净沥干后，在鱼肉较厚处切花刀。
2. 将盐、白胡椒粉、料酒、2大匙水放入大碗中，混合均匀，再放入切好的鱼肉、葱段、姜片。
3. 一起腌制10分钟后，取出、沥干，均匀裹上淀粉，切口处也需沾上淀粉。
4. 热一锅油，将油加热至约180℃，再将腌好的鱼肉放入锅内，炸约6分钟至金黄酥脆后捞起，摆入盘中。
5. 将炸鱼的油倒出，在锅底留少许油，以小火炒香什锦蔬菜丁，加入白醋、番茄酱、白糖和2大匙水煮开后，用水淀粉勾芡，洒上香油，最后淋在鱼上即可。

关键提示

糖醋鱼可以说是一道常见的菜肴，糖醋鱼要好吃，除了糖醋酱的配方很重要外，将鱼肉先腌过再油炸，也是其美味的关键。腌过的鱼不仅没有腥味，肉质也更滑嫩。

豆豉焖鱼头

材料

鱼头	1个
豆豉	2大匙
蒜末	1大匙
姜丝	20克
辣椒	20克
罗勒	适量
油	适量
水	240毫升
水淀粉	适量

调料

料酒	1大匙
白糖	1小匙
蘑菇精	1小匙
陈醋	2小匙
香油	2小匙

做法

❶ 将鱼头放入沸水中汆烫去血水，再捞出洗净备用；把辣椒切片，备用。

❷ 油锅烧热，将豆豉、蒜末、姜丝、辣椒片放入锅中爆香。

❸ 料酒、白糖、蘑菇精、水倒入锅中，与爆香后的豆豉、蒜末、姜丝、辣椒片一起翻炒调成酱汁。

❹ 再将烫好的鱼头放入锅中，与酱汁一同煮，盖上锅盖，以小火焖煮10分钟。

❺ 将鱼头捞起盛盘；再将水淀粉倒入酱汁中勾薄芡，然后加入陈醋与香油拌香。

❻ 将翻炒好后的酱汁盛起，淋在鱼头上，再以罗勒装饰即成。

干烧鱼

材料
鱼1条(约600克)，洋葱丁100克，水250毫升，姜末、蒜末各20克，色拉油4大匙

调料
辣椒酱、白糖各2大匙，番茄酱3大匙，料酒1大匙，香油1/2茶匙

做法
1. 先将鱼去除内脏和鱼鳃，洗净沥干。
2. 热锅，加入色拉油，将鱼下锅，以小火煎至两面呈金黄色后，取出备用。
3. 炸完鱼后的锅底留少许油，放入洋葱丁、姜末和蒜末爆香后，加入辣椒酱及番茄酱炒香。
4. 再加入水、白糖和料酒，接着放入炸好的鱼，煮至沸腾后转小火，约5分钟后，翻面再煮，至汤汁收干后，洒上香油即可。

醋溜鱼片

材料
鲷鱼片600克，淀粉1/2大匙，低筋面粉1大匙，小黄瓜片、黄甜椒片、红甜椒片、洋葱片各10克，油适量

腌料
盐、白胡椒粉各1/4小匙，鸡蛋1个，料酒1大匙，水200毫升

调料
番茄酱、白糖、料酒各1大匙，白醋1/2大匙

做法
1. 鲷鱼片切小片，加入腌料抓匀，静置腌制约5分钟，备用。
2. 淀粉与低筋面粉拌匀，均匀裹在腌好的鲷鱼片上，放入加热至约200℃的油锅中，以小火炸约1分钟至熟，捞起沥油，备用。
3. 取锅倒入少许油，放入红、黄甜椒片和洋葱片炒香，加入所有调料（除白醋外）拌匀，再放入炸好的鲷鱼片和小黄瓜片，以大火翻炒均匀后，淋入白醋即可。

干烧虱目鱼肚

材料

虱目鱼肚约200克，竹笋100克，姜片8克，大蒜、葱各20克，油适量

调料

酱油1大匙，香油、糖、鸡精各1小匙，料酒2大匙

做法

❶ 将虱目鱼肚洗净，用餐巾纸吸干水，备用；葱切段；大蒜切片；竹笋切片。

❷ 起锅，加入适量油烧热，先放入虱目鱼肚，煎至两面上色。

❸ 再加入蒜片，葱段、姜片及竹笋片，以中火爆香，最后再放入所有的调料，并转小火，让酱汁略收干即可。

酱烧鱼肚

材料

虱目鱼肚2片，姜片、葱段各20克，葱花适量，水500毫升

调料

酱油、料酒各5大匙，糖2大匙，白胡椒粉1/2茶匙

做法

❶ 虱目鱼肚洗净备用。

❷ 取锅，放入姜片、葱段、水及所有调料，煮至沸腾。

❸ 再放入虱目鱼肚，以小火煮7～8分钟，撒上葱花即可。

豆瓣鲤鱼

材料

鲤鱼	1条
葱	20克
姜末	2小匙
蒜末	1大匙
猪肉馅	20克
水淀粉	适量
干面粉	适量
油	适量
水	480毫升

调料

辣豆瓣酱	2大匙
白糖	1大匙
料酒	60毫升
盐	1/2小匙
白醋	2小匙

做法

1. 将鲤鱼两面的鱼身各划上三刀；葱切成葱末，备用。在鱼身及鱼肚上，均匀抹上干面粉，放入油温约150℃的油锅中，以中火炸约10分钟，鱼表面会呈现金黄色，再捞出沥油，备用。
2. 另热锅，烧热油，放入葱末、姜末、蒜末、猪肉馅爆香，再把辣豆瓣酱、白糖、料酒、盐、水及白醋一起下锅爆香。
3. 将炸好的鱼放入锅中，用小火烧8分钟，不要将鱼翻面，以免鱼尾巴断掉。时不时将锅中汤汁舀起来浇在鱼身上，让鱼入味。鱼烧熟入味后，捞出盛盘，备用。
4. 将水淀粉倒入锅中勾薄芡。
5. 最后将调好的芡汁淋在鱼上即可。

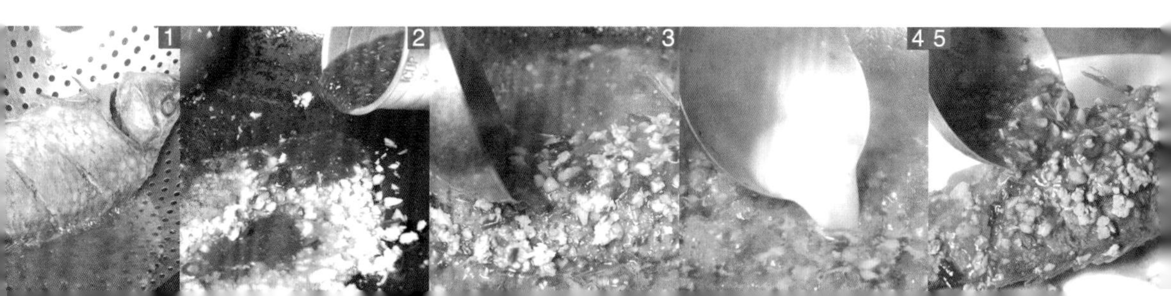

葱烧鲫鱼

材料
鲫鱼2条，葱30克，姜10克，油适量，水200毫升

调料
酱油2大匙，白糖1大匙，白醋1/2小匙，
料酒1小匙

做法
1. 鱼处理后洗净，以厨房纸巾擦干；葱洗净切长段；姜去皮、切片，备用。
2. 烧一锅热油，先将葱段、姜片炸至焦黄后捞出，再放入拭干后的鱼，以中火炸至焦酥，捞出沥油。
3. 另取一锅，倒入适量油，放入炸好的鱼，铺上炸好的葱段、姜片，并加入所有调料，以小火慢熬约15分钟，至汤汁稍干即可。

番茄烧鱼

材料
鱼1条(约600克)，西红柿100克，洋葱80克，
蒜末20克，油适量，水250毫升

调料
盐1/4茶匙，番茄酱2大匙，白糖2茶匙，
白醋、香油各1茶匙

做法
1. 先将鱼去鳃及内脏后，再洗净擦干；西红柿洗净后切小块；洋葱去皮后切小块。
2. 热锅，倒入少许油，将鱼的两面煎至焦黄，再取出装盘备用。
3. 原锅留少许油，以小火爆香洋葱块、蒜末，再放入炸好的鱼、西红柿块及所有调料（除香油外）一起煮沸。
4. 转小火，续煮约12分钟至汤汁稍干，再淋上香油即可。

腐竹烧鱼

材料

鱼1条(约600克)，腐竹100克，葱20克，辣椒2个，姜50克，油3大匙，水300毫升

调料

蚝油3大匙，料酒2大匙，白糖1茶匙，盐适量

做法

❶ 将鱼去鳃及内脏后洗净，在鱼身两侧各划2刀；葱及辣椒切段；姜切丝，备用。
❷ 腐竹以温开水泡约10分钟至软后，沥干切小段。
❸ 热锅，倒入油，将鱼放入锅内，以小火煎至两面焦黄后，将鱼盛盘；原锅留少许油，于锅内放入葱段、辣椒段和姜丝爆香，再将腐竹段及鱼放入，转为中火，并加入所有调料。
❹ 待煮沸后转小火，时不时翻动鱼身，以防粘锅，煮约12分钟至汤汁略收干即可。

蒜苗马鲛鱼

材料

马鲛鱼350克，姜片、辣椒片、蒜苗片各10克，油1大匙

腌料

姜片、葱段各适量，料酒1大匙，盐少许，淀粉1/2小匙

调料

酱油1.5大匙，料酒1大匙，糖、陈醋各1小匙

做法

❶ 马鲛鱼洗净，加入所有腌料，腌约10分钟，备用。
❷ 热锅，倒入油，放入腌好的马鲛鱼，煎约2分钟，翻面再煎1分钟。
❸ 再向锅中加入姜片、辣椒片、蒜苗片煸炒。
❹ 最后加入所有调料拌匀，稍煮收汁即可。

大蒜烧黄鱼

材料

黄鱼1条，大蒜50克，葱段、红辣椒片各10克，面粉少许，油适量

腌料

盐1/4小匙，料酒1大匙，葱段、姜片各10克

调料

水150毫升，糖1/4小匙，陈醋1小匙，酱油1大匙

做法

1. 黄鱼洗净，加入所有腌料，腌约10分钟。
2. 热锅，倒入稍多的油，待油温热至160℃；将腌好的黄鱼均匀沾裹上面粉，放入油锅中炸约4分钟，捞起沥干。
3. 再向锅中放入大蒜，炸至表面金黄，捞起沥干，备用。
4. 锅中留少许油，放入葱段、红辣椒片及炸好的大蒜炒香，再加入所有调料煮至沸腾。最后加入炸好的黄鱼，煮入味即可。

干煎茄汁黄鱼

材料

黄鱼1条，洋葱50克，大蒜15克，姜片10克，葱20克，西红柿240克，面粉3大匙，油适量

调料

番茄酱、蚝油各1大匙，香油、鸡精各1小匙，白胡椒粉、盐各适量

做法

1. 黄鱼洗净沥干后，先用餐巾纸吸干水；洋葱切丝；葱切段；西红柿切块。
2. 在黄鱼表面拍上薄薄的面粉，备用。
3. 起油锅，将油加热至120℃略冒白烟时，放入裹好面粉的鱼，煎至上色后，加入葱段、姜片、大蒜、洋葱丝、西红柿块和所有的调料，以小火焖煮至汤汁收干即可。

五柳鱼

材料

鱼	1条(约500克)
洋葱丝	30克
黑木耳丝	20克
青椒丝	20克
黄甜椒丝	10克
胡萝卜丝	20克
油	适量
水	适量
淀粉	1/2碗（约100克）
水淀粉	1茶匙

调料

盐	1/4茶匙
鸡精	1/4茶匙
白胡椒粉	1/4茶匙
料酒	1/4茶匙
陈醋	2大匙
白醋	1大匙
番茄酱	2大匙
白糖	4大匙
香油	1大匙

做法

❶ 鱼洗净沥干后，在鱼肉较厚处切花刀。

❷ 把盐、鸡精、白胡椒粉、料酒和100毫升水混合均匀，将鱼肉放入，腌制约10分钟。

❸ 将腌好的鱼取出沥干，均匀沾上淀粉，切口处也需沾上。

❹ 热一锅油，将油加热至约180℃，取沾上淀粉的鱼，放入锅内炸约5分钟，至表面呈金黄酥脆后，捞起摆盘。

❺ 将炸过鱼的油倒出，于锅底留少许油，以小火炒香洋葱丝、黑木耳丝、青椒丝、黄甜椒丝及胡萝卜丝。

❻ 再加入陈醋、白醋、番茄酱、白糖和水，煮沸后用水淀粉勾芡，再洒上香油，最后淋在炸好的鱼上即可。

大蒜烧鱼下巴

材料

鱼下巴	1片
大蒜	10瓣
姜丝	15克
青蒜	20克
辣椒	2个
香菜	5克
淀粉	适量
水淀粉	适量
油	适量
水	480毫升

调料

酱油	3大匙
白糖	1大匙
料酒	1大匙
胡椒粉	1小匙
蘑菇精	1小匙
香油	2小匙

做法

❶ 将鱼下巴沾上淀粉，放入油温150℃的油锅中，油炸5分钟后，起锅备用。

❷ 大蒜油炸1分钟至金黄色，备用；青蒜切片；辣椒切丝，备用。把酱油、白糖、料酒、胡椒粉、蘑菇精加在杯中一起拌匀成调味酱，备用；另起一锅，将姜丝、青蒜片、辣椒丝入锅爆香，加入拌好的调味酱，再于锅中加入水，拌匀。待锅中酱汁沸腾时，将炸好的鱼下巴和大蒜放入锅中，以中火烧煮，并盖上锅盖，烧煮约8分钟。

❸ 将水淀粉倒入锅中勾薄芡。

❹ 将鱼下巴捞出，盛入盘中；将芡汁加上香油，一同淋在鱼下巴上。

❺ 最后放上香菜装饰即可。

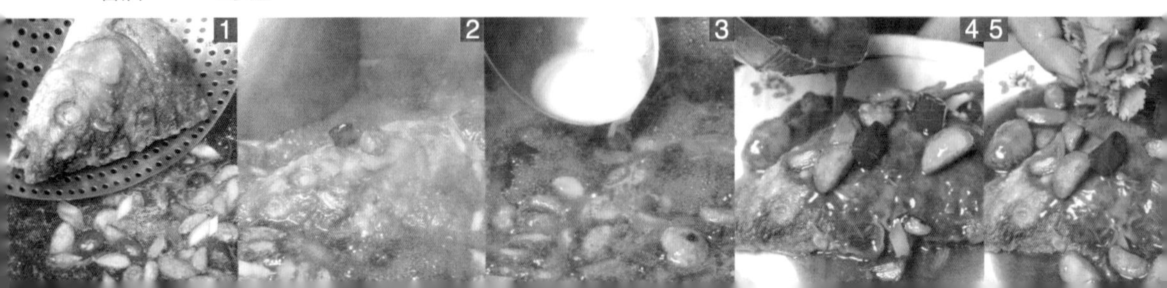

干烧鱼下巴

材料

鲷鱼下巴400克，姜、葱各20克，辣椒2个，色拉油3大匙，水200毫升

调料

料酒、白糖各1大匙，酱油2大匙

做法

1. 把鲷鱼下巴洗净后，以厨房纸巾擦干。
2. 姜切片；辣椒对切；葱切长段，备用。
3. 热锅，加入色拉油，将拭干的鲷鱼下巴下锅，煎至两面焦黄即取出。锅中留少许油，将姜片、辣椒、葱段一起下锅，以小火爆香。
4. 再加入所有调料和煎好的鱼下巴，以中火煮至汤汁收干即可。

韩式泡菜鱼

材料

鱼肉约500克，韩式泡菜120克，姜末5克，蒜末10克，葱段30克，油3大匙，水300毫升

调料

蚝油、酱油各1茶匙，白糖1/2大匙，料酒、香油各1大匙

做法

1. 鱼肉洗净后，在鱼身两侧各划1刀，划至骨头处，但不切断；韩式泡菜切碎，连同汤汁备用。
2. 热锅，加入油，鱼肉下锅，以小火煎至两面焦黄后起锅，备用；留底油，放入葱段、姜末和蒜末爆香，再将韩式泡菜及鱼肉放入，转中火，加入所有调料（除香油外）。
3. 煮沸后转小火，时不时翻动鱼，以防粘锅，煮约10分钟至汤汁收干，淋上香油即可。

红烧划水

材料

草鱼尾400克，姜、葱各20克，油适量，水200毫升

调料

酱油2大匙，白糖1大匙，料酒1小匙，香油1/2小匙

做法

1. 将草鱼尾洗净，以厨房纸巾擦干水，再放入热油锅中，煎至两面皆微焦时，起锅备用。
2. 姜去皮、葱洗净，均切丝备用。
3. 热油锅，倒入油烧热，放入姜丝及一半的葱丝，以小火爆香，再加入所有调料（除香油外）煮至沸腾后，将葱丝、姜丝捞除。
4. 再将煎好的鱼尾放入锅中，以小火煮至汤汁略收干，淋入香油后盛出装盘，将另一半葱丝摆放在鱼尾上即可。

豆酱烧划水

材料

鱼尾400克，姜末1大匙，罗勒、油各适量，水480毫升

调料

白豆酱60克，料酒1大匙，白糖、白醋各2小匙

做法

1. 将鱼尾放入沸水中汆烫去血水后，捞出沥干备用。
2. 将姜末放入油锅中爆香，将白豆酱、料酒、白糖、白醋、水一起加入锅中翻炒均匀。
3. 再将鱼尾放入锅中，以小火烧10分钟，使鱼尾入味。
4. 最后将罗勒放入锅中一起稍稍翻炒，即可关火起锅。

酱烧鲤鱼

材料

鲤鱼	1条
葱	30克
大蒜	20克
姜片	6片
辣椒	20克
油	适量
水	480毫升

调料

酱油	2大匙
白糖	1大匙
蘑菇精	1小匙
料酒	2大匙
陈醋	1大匙
香油	1小匙

做法

1. 将鲤鱼处理干净后，放入油温150℃的油锅中，炸约10分钟。
2. 鲤鱼两面炸至金黄色后捞出备用。
3. 将葱切成葱段，放入油温150℃的油锅中炸至脱水，捞出备用。另热一油锅，把姜片和辣椒放入炒锅中爆香。
4. 再加入酱油、白糖、蘑菇精、料酒、水一起翻炒。再把炸好的鲤鱼、葱段及大蒜，一起放到锅中，以中火烧煮，待锅中的汤汁烧到剩一半的量时，再将鱼翻面继续烧。
5. 待汤汁烧至略微收干，再加入陈醋及香油均匀翻炒一下，即可起锅装盘。

蜜汁鱼片

材料

鳕鱼片300克，熟白芝麻少许，
淀粉、水淀粉、油各适量，水120毫升

腌料

盐少许，料酒、鸡蛋液各1大匙，姜片10克

调料

糖少许，番茄酱1小匙，
酱油、白醋、龙眼蜜各1大匙

做法

1. 鳕鱼去皮、去骨、切小片，加入所有腌料，腌约10分钟，再沾裹淀粉备用。
2. 热锅，倒入稍多的油，油温热至160℃，放入沾裹淀粉的鱼片，炸约2分钟，捞起沥油，盛盘备用。
3. 将所有调料（除龙眼蜜外）混合后煮沸，加入龙眼蜜拌匀，再加入水淀粉勾芡，撒入熟白芝麻拌匀成蜜汁酱，淋于鱼片上即可。

金沙鱼片

材料

鳊鱼片、三文鱼片各150克，咸鸭蛋2个，鸡蛋1个，
葱段10克，蒜末1/4小匙，淀粉2大匙，油适量

调料

白胡椒粉、盐各1/4小匙，料酒1大匙

做法

1. 鳊鱼片和三文鱼片洗净，以餐巾纸吸干水，切成小块状，加入打匀的鸡蛋液及所有调料抓匀，静置约3分钟，裹上淀粉备用。
2. 油锅加热至油温约180℃，放入裹上淀粉的鳊鱼块和三文鱼块，以小火炸约2分钟至熟，捞出沥干油备用。
3. 起锅，倒入少许油，放入蒜末爆香，加入咸鸭蛋黄（取蛋黄，切碎），以小火炒香，加入葱段和炸好的鳊鱼块、三文鱼块，以大火翻炒均匀即可。

干烧鱼片

材料

鱼肉250克，淀粉4大匙，葱花20克，姜末2小匙，蒜末1大匙，青蒜50克，水淀粉、油各适量，水240毫升

调料

辣豆瓣酱2大匙，盐1/2小匙，香油、白醋各2小匙，蘑菇精、糖各1小匙

做法

1. 将鱼肉切片，均匀地沾上淀粉后，放入油温150℃的锅中炸3～5分钟呈金黄色后，捞出备用。
2. 另起一锅，烧热油，将葱花、姜末、蒜末、青蒜入锅中爆香。
3. 将辣豆瓣酱、盐、蘑菇精、糖、水倒入锅中煮至沸腾。
4. 将炸好的鱼片放入锅中，以中火烧3分钟，让鱼片入味。
5. 倒入水淀粉勾薄芡后，加入香油及白醋翻炒均匀，即可盛盘。

香油鱼皮

材料

鱼皮400克，香油2大匙，姜片15克，枸杞5克，水600毫升，油适量

调料

盐1/4小匙，鸡精1/2小匙，料酒3大匙

做法

1. 鱼皮处理后，洗净切大块，备用。
2. 热油锅，加入香油、姜片，以小火爆香，再放入鱼块煎一下。
3. 加入料酒、水煮至沸腾。
4. 加入枸杞煮约5分钟熄火，加入盐、鸡精拌匀即可。

五柳鱼肉

材料

鱼肉	300克
青蒜丝	5克
姜片	3片
洋葱丝	20克
香菇丝	10克
胡萝卜丝	10克
甜椒丝	10克
金茸条	10克
青椒丝	10克
油	适量
水	180毫升

调料

糖	2大匙
白醋	2大匙
盐	1/4大匙
料酒	2大匙
水淀粉	适量

做法

1. 将鱼肉、姜片、青蒜丝装盘，放入蒸笼，以大火蒸10分钟后取出，盛盘备用。
2. 把洋葱丝放入油锅中爆香，加入糖、水、白醋、盐、料酒一同翻炒。
3. 待煮沸后，再将香菇丝、胡萝卜丝、甜椒丝、金茸条、青椒丝一起加入锅中炒熟。
4. 再加入水淀粉勾薄芡。
5. 待呈现浓稠状时，即可关火起锅，将酱汁淋在鱼肉上即完成。

PART 3

蒸烤鱼

蒸鱼、烤鱼也是大家喜爱的鱼类美食，当您想在家做出一道蒸烤鱼佳肴时，一定要掌握几点小技巧，方能做出俘获人心的美食。第一点，一定要等水沸腾后，才能把鱼放在蒸锅中蒸；第二点，鱼蒸之前，先用葱、姜垫底，可去腥、防鱼皮粘连蒸盘；第三点，烤鱼时，将鱼身包上锡箔纸，可防止鱼被烤焦等。下面就跟着本章介绍的多种蒸烤鱼做法做出符合您口味的鱼类佳肴吧。

豆酥鳕鱼

材料

鳕鱼片	200克
葱段	30克
姜片	10克
蒜末	10克
豆酥	50克
葱花	20克
色拉油	100毫升

调料

料酒	1大匙
白糖	1/4茶匙
辣椒酱	1茶匙

做法

1. 鳕鱼片洗净后置于蒸盘；葱段、姜片拍破，铺在鳕鱼片上，再洒上料酒。
2. 将鳕鱼片放入蒸笼中，以大火蒸约8分钟后取出。
3. 将蒸好的鳕鱼片挑去葱段和姜片，再将水滤掉。
4. 热锅，倒入色拉油，先放入蒜末，以小火略炒，再加入豆酥及白糖，转中火不停翻炒。
5. 炒至豆酥颜色呈金黄色，即可转小火，续加入辣椒酱快炒，再加入葱花炒散，最后盛起炒好的豆酥，铺至鳕鱼片上即可。

关键提示

豆酥的香味要经过翻炒后才能完全散发出来，翻炒时要均匀，同时火不能太大，才不会炒焦而有苦味产生。在最后放入葱花时，只要炒匀即可，若是炒太久反而会使葱的香味变淡。

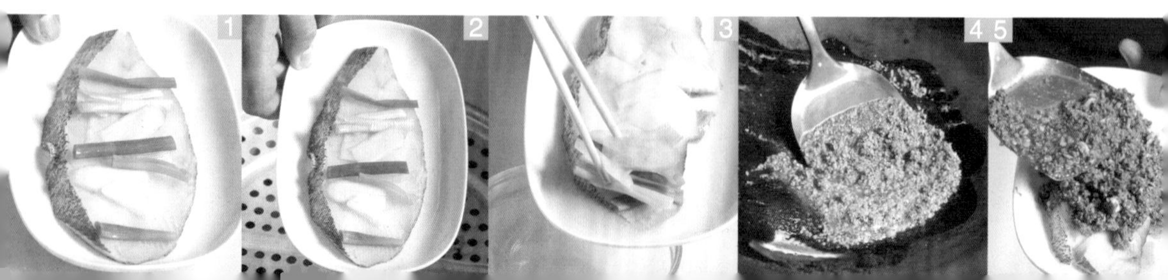

味噌烤鳕鱼

材料

鳕鱼片300克，熟白芝麻1/4小匙

调料

味噌、料酒各2大匙，白糖1/4小匙

做法

1. 鳕鱼片洗净，以餐巾纸吸干水；所有调料拌匀成腌酱，备用。
2. 将鳕鱼片抹上腌酱，静置腌制约10分钟，备用。
3. 将烤箱预热至180℃，放入腌好的鳕鱼片烘烤约15分钟，取出后，撒上熟白芝麻即可。

蒸鳕鱼

材料

鳕鱼1片（约200克），大蒜2瓣，辣椒20克，葱50克

调料

糖、香油各1小匙，白胡椒少许，料酒2大匙

做法

1. 将鳕鱼洗净，再用餐巾纸吸干水，放入盘中；辣椒切片；葱切段。
2. 取容器，加入所有调料，一起轻轻搅拌均匀，淋在鳕鱼上。
3. 再将大蒜、辣椒和葱段放在鳕鱼上，裹上保鲜膜，放入蒸笼中，以大火蒸约12分钟后取出即可。

酸姜蒸鱼

材料

鲈鱼约400克，酸姜50克，辣椒丝15克

调料

白醋3大匙，白糖2大匙，料酒、香油各1茶匙，盐1/4茶匙

做法

1. 先将鲈鱼去除鱼鳃及内脏，洗净后放置蒸盘上；酸姜切丝后，与白醋、白糖、料酒和盐拌匀制成酱汁。
2. 将拌匀的酱汁淋在鲈鱼上，裹上保鲜膜，放入蒸笼中，以大火蒸约12分钟后取出，摆上辣椒丝，再洒上香油即可。

豆豉蒸鱼肚

材料

虱目鱼肚1片（约200克），大蒜10克，辣椒1/3个，葱50克，姜片、新鲜罗勒各5克

调料

豆豉1大匙，香油、糖、盐、白胡椒粉各1小匙

做法

1. 虱目鱼肚洗净，用餐巾纸吸干，放入盘中。辣椒切片、葱切段、蒜切片，备用。
2. 取容器，加入所有调料一同轻轻搅拌均匀后，铺盖在虱目鱼肚上。
3. 再将大蒜片、辣椒片、葱段、姜片和新鲜罗勒摆放在虱目鱼肚上，裹上保鲜膜，放入蒸笼中，以大火蒸约8分钟后取出即可。

清蒸鲈鱼

材料

鲈鱼	1条(约700克)
葱	100克
姜	30克
辣椒	1个
色拉油	50毫升
水	50毫升

调料

蚝油	1大匙
酱油	2大匙
白糖	1大匙
白胡椒粉	1/6茶匙
料酒	1大匙

做法

1. 鲈鱼洗净，从鱼背鳍与鱼头处到鱼尾，纵切1刀深至龙骨，将切口处向下，置于蒸盘上，在鱼身下横垫1根竹筷以利于水蒸气穿透。
2. 将一半葱切段、并拍破，10克姜切片，一同铺在鲈鱼上，再洒上料酒，放入蒸笼中，以大火蒸约15分钟至熟。取出装盘，葱、姜及蒸鱼水舍弃。
3. 另取一半葱、20克的姜和辣椒切细丝，铺在鲈鱼上。热锅，倒入色拉油，烧热后，淋在葱丝、姜丝和辣椒丝上，再将剩余调料混合煮沸后，淋在鲈鱼上即可。

烟熏鱼肉

材料

鱼肉	300克
姜片	3片
水	120毫升

烟熏料

茶叶	1大匙
面粉	2大匙
糖	3大匙

调料

白糖	1/2杯

做法

1. 用厨房纸拭干锡箔纸。
2. 把拭净的锡箔纸铺于炒锅底部，再均匀地放上烟熏料。
3. 将鱼肉洗净，置于盘中；再在烟熏料上放上铁架，将放有鱼肉的盘放在铁架上。
4. 盖上锅盖，以中火焖约8分钟。
5. 待有黄烟出现，表示烟熏已经完成。打开锅盖，淋上白糖和水调成的汤汁即可。

关键提示

在食用烟熏鱼肉时，也可以蘸酱，此酱料是用1小匙芥末、2大匙酱油调匀制成，可直接蘸用。

香蒜蒸鱼

材料

乌仔鱼约600克，蒜酥酱、油各适量

做法

1. 乌仔鱼洗净后，沥干水，从鱼背鳍与鱼头处纵切一刀，深至龙骨，直划到鱼尾。
2. 热一油锅，油烧热至约180℃，将乌仔鱼下锅，以大火炸约2分钟，至表面呈金黄酥脆，起锅沥干。
3. 将做好的乌仔鱼置于锡箔纸上，淋上蒜酥酱，再将锡箔纸包好，放入蒸笼，以大火蒸约20分钟后取出，打开锡箔纸即可。

蒜酥酱

材料

蒜头酥50克，辣椒末5克，酱油2大匙，蚝油3大匙，料酒20毫升，白糖1小匙，水45毫升

做法

将所有材料混合均匀，即成蒜酥酱。

剁椒蒸鱼

材料

鱼约400克，剁辣椒3大匙，蒜末、葱花各20克

调料

白糖1/4茶匙，料酒1茶匙

做法

1. 先将鱼洗净，放置蒸盘上；将剁辣椒、蒜末、白糖和料酒拌匀成酱汁。
2. 将拌匀的酱汁淋在鱼上，裹上保鲜膜，放入蒸笼中，以大火蒸约12分钟后取出，撒上葱花即可。

鱼肉蒸蛋

材料
鱼肉80克，鸡蛋4个，葱丝10克，辣椒丝5克，水300毫升

调料
料酒1茶匙，盐、白胡椒粉各1/6茶匙

做法
1. 鱼肉切片，放入沸水中汆烫，约10秒钟后捞起泡凉，沥干备用。
2. 将鸡蛋打散，和所有调料拌匀，用细滤网过滤掉泡沫。
3. 将拌匀后的蛋液装入碗中，再放入鱼肉，用保鲜膜封好备用。
4. 将碗放入蒸笼，以小火蒸约15分钟，至蛋熟（轻敲蒸笼，鸡蛋不会有水波纹）。取出碗，撕去保鲜膜，撒上葱丝、辣椒丝即可。

桂花蒸鳊鱼

材料
鳊鱼片300克

调料
干桂花、料酒各1小匙，盐1/4小匙

做法
1. 先将干桂花、料酒以及盐调匀，做成调料，备用。
2. 鳊鱼片放入沸水中略汆烫，再沥干放置蒸盘上，淋上调料。
3. 取一蒸锅，加水煮至沸腾，放入淋有调料的鳊鱼片，隔水蒸约3分钟至熟即可。

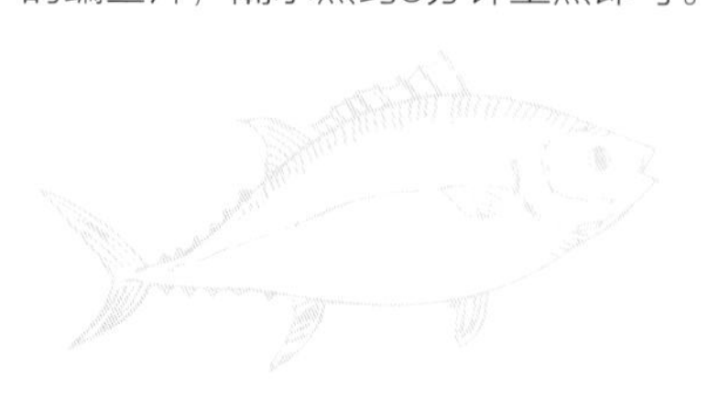

梅香蒸鱼片

材料

鱼肉300克，水120毫升

调料

冰梅酱60克，料酒1小匙，陈醋1大匙

做法

1. 鱼肉切成片。
2. 将冰梅酱、水、料酒、陈醋一起调匀成酱汁，备用。
3. 将鱼片整齐排于盘中，并淋上调好的酱汁，放入蒸笼，以大火蒸8分钟，取出即可。

清蒸鱼卷

材料

鱼肉250克，香菇4朵，姜丝40克，豆腐1块，
葱丝30克，甜椒丝、香菜各10克，
黑胡椒粉1/2小匙，水100毫升

调料

鱼露、香油、色拉油各2大匙，料酒1大匙，
冰糖、蘑菇精各1小匙

做法

1. 鱼肉切片；豆腐切片后铺于盘中；香菇切成丝；鱼露、冰糖、蘑菇精、水、料酒调匀，备用。
2. 将鱼肉片包入香菇丝、姜丝后卷起来，放在排好的豆腐片上，淋上调好的调料，放入蒸笼，以大火蒸8分钟。
3. 将蒸好的鱼卷取出，撒上葱丝、甜椒丝、香菜及黑胡椒粉。
4. 再把香油、色拉油烧热后，淋在鱼卷上即可。

柠檬鱼

材料

鲜鱼	1条
姜片	20克
洋葱丝	30克
蒜末	15克
辣椒末	15克
香菜	适量
柠檬片	适量

腌料

盐	少许
料酒	少许

调料

鱼露	1.5大匙
白糖	1大匙
柠檬汁	1大匙

做法

1. 鲜鱼刮除鱼鳞、洗净，抹上少许料酒和盐，腌制10分钟；取滚沸的水，慢慢淋上鱼身，去腥备用。
2. 辣椒末、蒜末以及所有调料（除柠檬汁外）拌匀成酱汁备用。
3. 取一长盘，放入姜片和洋葱丝，再放入腌好的鲜鱼，淋上酱汁；再放入水已烧开的蒸锅，蒸12～15分钟，至鱼肉熟透后取出，撒上香菜、淋入柠檬汁，再摆上柠檬片即可。

塔香烤鱼

材料

鱼　1条（约250克）
蒜末　30克
姜末　5克
辣椒末　10克
罗勒末　20克

调料

无盐奶油　2大匙
盐　1茶匙
白糖　1/2茶匙

做法

1. 鱼去除鱼鳃及内脏，洗净后，在鱼身两侧各划2刀，备用。
2. 热锅，放入无盐奶油、蒜末、姜末及辣椒末略炒香，再加入罗勒末、盐及白糖炒匀。
3. 先将烤箱预热至220℃，将鱼身两面铺上炒好的材料，再用锡箔纸包好，放至烤盘上，摆入烤箱，烤约20分钟至熟，即可取出装盘。

柠香烤三文鱼

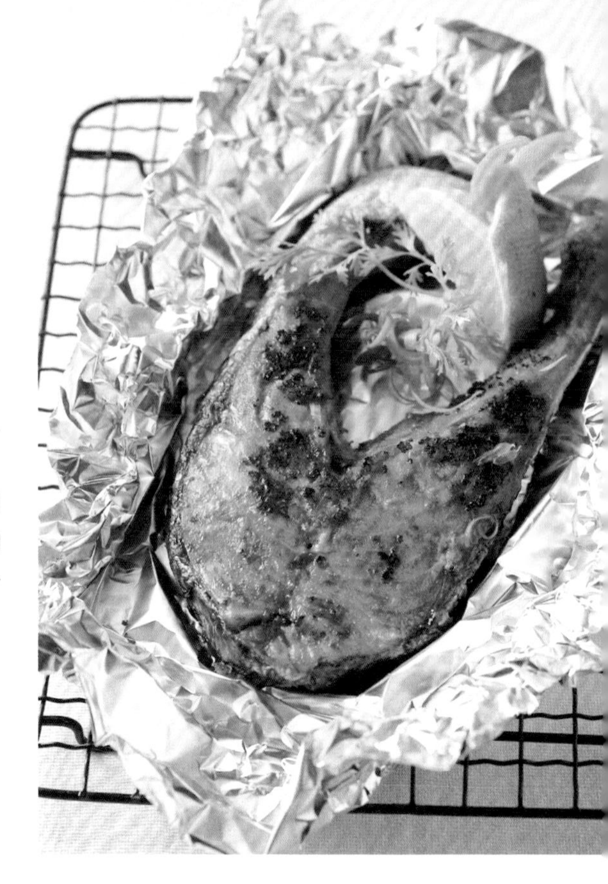

材料

三文鱼200克，葱50克，姜丝5克，柠檬汁适量

调料

盐、黑胡椒粒各少许，料酒、奶油各1大匙

做法

1. 将三文鱼洗净，使用餐巾纸吸干水，放入锡箔烤皿中；葱切段，备用。
2. 将调料均匀涂在三文鱼上，再放上葱段和姜丝，挤上柠檬汁；将烤皿放入已预热的烤箱中，以上火200℃、下火200℃烤12分钟，至外观上色即可。

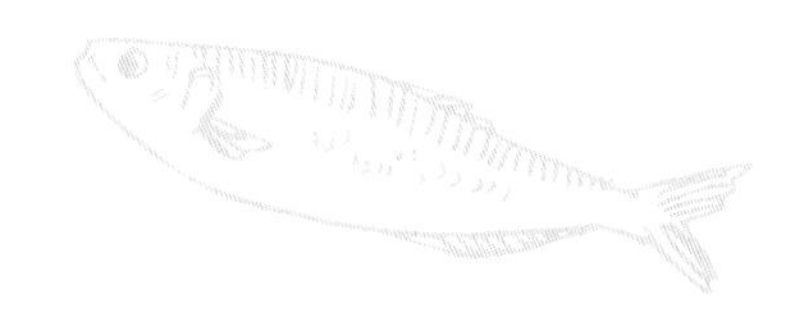

大蒜烤三文鱼

材料

三文鱼1片（约200克），大蒜30克，姜片5克，柠檬汁适量

调料

料酒2大匙，盐1小匙，黑胡椒粒少许

做法

1. 将三文鱼洗净，使用餐巾纸吸干水，放入烤盘中。
2. 将洗净的三文鱼加所有调料腌制约30分钟，备用。
3. 将腌制好的三文鱼放入烤盘中，放上大蒜和姜片，再放入温度约190℃的烤箱中，烤约12分钟。
4. 最后在烤好的三文鱼上挤上柠檬汁即可。

奶油烤鱼

材料

旗鱼1片（约200克），金针菇200克，姜丝5克，葱末20克，辣椒1/3个

调料

料酒、奶油各2大匙，百里香1小匙，
盐、白胡椒粉各少许

做法

1. 金针菇洗净，去须根切段；辣椒切片。
2. 将旗鱼片洗净，使用餐巾纸吸干水，放入锡箔烤皿中。
3. 将调料均匀涂在旗鱼上，再放上金针菇段、姜丝、葱末和辣椒片，放入已预热的烤箱中，以上火200℃、下火200℃烤10分钟，至外观略呈金黄色即可。

盐烤香鱼

材料

香鱼3条，柠檬片、西芹碎各适量

调料

料酒、盐各1/2大匙

做法

1. 香鱼洗净后沥干，抹上料酒，腌制约5分钟，备用。
2. 在香鱼表面均匀抹上一层盐，放入已预热的烤箱中，以220℃烤约15分钟。
3. 取出香鱼，搭配柠檬片、西芹碎即可。

焗三文鱼

材料

三文鱼	1片（约200克）
鲜奶	50毫升
油	适量

调料

奶油白酱	3大匙
盐	1小匙
白酒	1大匙
西芹碎	1大匙
奶酪丝	适量

做法

1. 三文鱼片先用鲜奶、盐和白酒腌约30分钟，再取出放入油锅中，煎至半熟后，盛入盘中。
2. 接着淋上奶油白酱和西芹碎，再铺上少许的奶酪丝，放入已预热的烤箱中，以上火250℃、下火100℃烤5～10分钟，至鱼表面略上色即可。

奶油白酱

材料

奶油100克，低筋面粉90克，盐、糖各7克，冷开水、动物性鲜奶油各400克，奶酪粉20克

做法

1. 奶油以小火煮至融化，再加入低筋面粉炒至糊化，接着再慢慢倒入冷开水把面糊煮开。
2. 最后加入动物性鲜奶油、盐、糖和奶酪粉，拌匀即可。

蒲烧鳗鱼

材料

鳗鱼1/2条，山椒粉适量

调料

蒲烧酱50克

做法

1. 将蒲烧酱放入锅中，以大火将其煮沸后改小火，慢慢熬煮约40分钟至浓稠状，备用。
2. 鳗鱼切成约4等份，用竹签一一串起。
3. 热一烤架，放上串好的鳗鱼串，烧烤至两面皆略干。
4. 烧烤过程中，将鳗鱼串重复涂上蒲烧酱汁2～3次，烤至入味后，撒上山椒粉即可。

蒲烧酱

材料

酱油、料酒各100毫升，味噌90克，白糖45克，麦芽20克

做法

将所有材料混合后，以大火将其煮至沸腾，改转小火煮至酱汁呈浓稠状即可。

烤秋刀鱼

材料

秋刀鱼2条，柠檬片适量，葱段、姜片各10克

调料

盐1小匙，料酒1大匙

做法

1. 将秋刀鱼处理后洗净，用盐、料酒、葱段、姜片腌制20分钟备用。
2. 将秋刀鱼放入已预热的烤箱中，以250℃烤约15分钟，搭配柠檬片食用即可。

关键提示

如果喜欢再重一点的口味，可以烤到一半的时候，在鱼的表面刷上一点酱油，再继续烤熟，不但入味，颜色也会非常漂亮。

柚香鱼片

材料

鳕鱼约100克

调料

韩式柚子茶酱2大匙，料酒1小匙，
盐、黑胡椒粉各少许

做法

1. 将鳕鱼洗净后，擦干备用。
2. 再将鳕鱼放入烤盘中，并涂上所有的调料。
3. 放入预热约180℃的烤箱中，烤约15分钟取出即可。

味噌烤鱼

材料

马鲛鱼1片（约150克），香菇2朵，葱50克，
姜片5克

腌料

盐、料酒各少许

调料

味噌酱3大匙

做法

1. 将马鲛鱼洗净，再使用餐巾纸吸干水；香菇切片；葱切段。
2. 取容器放入盐、料酒、味噌酱，再放入马鲛鱼，腌约30分钟后，放入烤盘中备用。
3. 再将香菇片、葱段和姜片放在马鲛鱼上；将烤盘放入已预热的烤箱中，以上火190℃、下火190℃烤10分钟，至外观上色，即可取出盛盘。

奶酪焗烤三文鱼

材料

三文鱼	1片（约200克）
姜丝	5克
胡萝卜丝	20克
西芹丝	20克
葱段	50克
大蒜	15克

调料

奶酪丝	30克
奶油	1大匙
鲜奶	30毫升

做法

1. 首先将三文鱼洗净，切大块状，使用餐巾纸吸干水，放入烤盘中。
2. 将姜丝、胡萝卜丝、西芹丝、葱段和大蒜均匀放在三文鱼片上（鱼与鱼之间勿重叠），并放入所有调料。
3. 再放入已预热的烤箱中，以上火190℃、下火190℃烤15分钟，至表面奶酪丝融化呈金黄色，即可取出。

葱烧酱烤鳊鱼

材料

鳊鱼约200克

调料

葱烧酱3大匙

做法

1. 将鳊鱼洗净，使用餐巾纸吸干水，备用。
2. 取容器放入葱烧酱，再将鳊鱼放入，腌约30分钟后，放入烤盘中备用。
3. 将烤盘放入已预热的烤箱中，以上火200℃、下火200℃烤11分钟，至外观上色即可取出盛盘。

风味烤鱼

材料

香鱼2条，蒜末20克，姜末10克，水50毫升，红辣椒末、葱花各5克，油2大匙

调料

沙茶酱2大匙，酱油、料酒各1大匙，白糖1/2茶匙

做法

1. 香鱼洗净，从鱼腹处将鱼剖开至背部，不需整个切断，将香鱼摊开成蝴蝶片，放在烤盘上备用。
2. 取锅加热，倒入油，放入蒜末、姜末、红辣椒末及沙茶酱、酱油，以小火炒香，再加入水、料酒及白糖，煮至沸腾后，将酱汁淋在香鱼上。
3. 将做好的香鱼放入预热好的烤箱中，以上火250℃、下火250℃烤约10分钟至熟，取出后撒上葱花即可。

烤鳕鱼片

材料

鳕鱼1片（约150克），洋葱末、蒜末各10克

调料

酱油20毫升，香油30毫升，糖10克，
辣椒酱、白芝麻各5克，白胡椒粉2克

做法

1. 将洋葱末、蒜末和所有调料拌匀，加入鳕鱼片腌约5分钟至入味，备用。
2. 烤箱以160℃温度预热5分钟后，将腌好的鳕鱼片放进烤箱内，以180℃温度烤约10分钟至熟透即可。

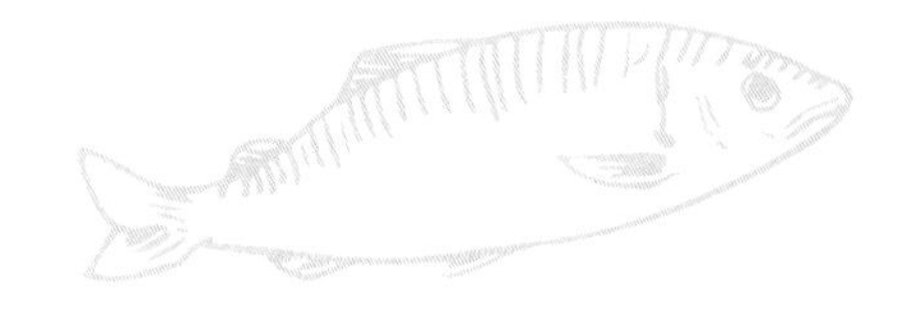

烤奶油鳕鱼

材料

鳕鱼1片，大蒜10克，红辣椒1个，洋葱50克，
姜5克

调料

奶油、料酒各1大匙，香油1小匙，
白胡椒粉、盐各少许

做法

1. 鳕鱼洗净后，将水吸干，放置烤盘上。
2. 大蒜、红辣椒、洋葱和姜均洗净，沥干、切丝后备用。
3. 将上述处理好的所有材料和所有调料混合拌匀，一同铺在鳕鱼上，再将鳕鱼放入已预热的烤箱中，以上火190℃、下火190℃烤约15分钟即可。

蒸豆仔鱼

材料

豆仔鱼150克，姜20克，葱、红辣椒各5克

做法

1. 先将豆仔鱼洗净，刮去鱼鳞，去鱼鳃及内脏，再从腹部对剖开，摆入蒸盘中；姜切末，撒在鱼上；葱和红辣椒切丝，备用。
2. 取一炒锅，锅中加入适量水，放上蒸架，将水煮至沸腾。
3. 将盛鱼的蒸盘放在蒸架上，盖上锅盖，以大火蒸约10分钟。
4. 取出蒸盘，在鱼上撒上葱丝和红辣椒丝即可。

盐烤鱼下巴

材料

鱼下巴4片

调料

料酒2大匙，盐1茶匙

做法

1. 鱼下巴洗净后抹上料酒，静置约3分钟。
2. 烤箱预热至220℃；于烤盘上铺一层锡箔纸，备用。
3. 将盐均匀撒在鱼下巴的两面，再将其放置烤盘上，将烤盘放入烤箱烤约7分钟至熟即可。

泰式酸辣酱烤鱼

材料

鲷鱼约200克，葱丝、黄豆芽各20克

调料

泰式酸辣酱、番茄酱各2大匙，鱼露1小匙，
柠檬汁、辣椒酱、糖各1大匙，盐少许，香茅1克

做法

1. 将鲷鱼洗净，用餐巾纸吸干水，放入烤盘中。
2. 取容器，将所有的调料混合拌匀，抹在鲷鱼上，将黄豆芽和葱丝放在鱼片下；将烤盘放入已预热的烤箱中，以上火190℃、下火190℃烤10分钟，即可取出盛盘。

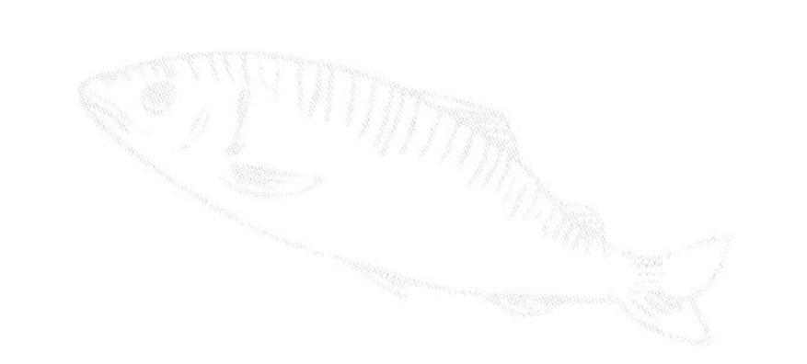

韩式辣味烤鲷鱼

材料

鲷鱼片300克，韩式泡菜（带汁）、青芦笋各50克

做法

1. 将韩式泡菜汁倒出，将鲷鱼片放入泡菜汁中拌匀，腌约3分钟，备用。
2. 青芦笋削除底部粗皮，备用。
3. 烤箱预热至180℃，放入腌好的鲷鱼片、泡菜及青芦笋，烤约8分钟至熟。
4. 取出后，先铺上青芦笋，再摆上鲷鱼片及泡菜即可。

照烧烤旗鱼

材料

旗鱼1片（约200克），洋葱60克，
葱、大蒜各50克，豌豆苗少许

调料

照烧酱3大匙

做法

1. 将旗鱼洗净，使用餐巾纸吸干水，放入烤盘中。洋葱切丝、葱切段、大蒜切片，备用。
2. 将照烧酱均匀抹在旗鱼上，再放上洋葱丝、葱段和大蒜片，放入已预热的烤箱中，以上火190℃、下火190℃烤10分钟，至外观略上色即可取出盛盘，再摆上豌豆苗。

烤黄金柳叶鱼

材料

黄金柳叶鱼300克，熟白芝麻2大匙

调料

糖1/2小匙，酱油1/4小匙

做法

1. 黄金柳叶鱼洗净，备用。
2. 将黄金柳叶鱼加入糖和酱油拌匀，腌制约10分钟，备用。
3. 烤箱预热至150℃，放入腌好的黄金柳叶鱼烤约5分钟至熟，取出后，撒上熟白芝麻即可（可另加入柠檬片作为装饰）。

清蒸尼罗红鱼

材料

尼罗红鱼 1条（约700克）
葱 100克
姜 30克
红辣椒 1个
色拉油 100毫升
水 50毫升

调料

蚝油 1大匙
酱油 2大匙
白糖 1大匙
白胡椒粉 1/6茶匙
料酒 1大匙

做法

1. 尼罗红鱼洗净后，从鱼背鳍与鱼头连接处到鱼尾，纵切一刀深至龙骨；将切口处向下，置于蒸盘上，鱼身下横垫1根竹筷以利于水蒸气穿透。
2. 将50克葱切段拍破、10克的姜切片，铺在鱼上并洒上料酒；再摆入蒸笼中，以大火蒸约15分钟至熟，取出装盘，葱段、姜片及蒸鱼水弃去不用。
3. 另50克葱及20克姜、红辣椒均切细丝，铺在鱼上；热锅，倒入色拉油烧热，再将热油淋在葱丝、姜丝和红辣椒丝上。
4. 将剩余调料混合拌匀，煮沸后淋在做好的尼罗红鱼上即可。

葱烤鲳鱼

材料

白鲳鱼	2条
葱段	100克
蒜末	适量
色拉油	少许

调料

糖	1/4小匙
酱油	1大匙
料酒	1大匙
辣椒粉	1/4小匙

做法

1. 将所有调料加入葱段、蒜末拌匀成馅料，备用。
2. 白鲳鱼洗净，从腹部切开后塞入做好的馅料。
3. 烤盘铺上铝箔纸，并在表面涂上少许色拉油，再放上塞有馅料的鲳鱼。
4. 烤箱预热至180℃，将烤盘放入其中，烤约20分钟即可。

PART 4

拌煮鱼

拌鱼、煮鱼可保留鱼类更多的营养成分，且味道清淡。但要注意的是，凉拌鱼应选用品质较高的鱼肉，而不是冷冻过久或早已不新鲜的鱼肉；用于煮的鱼肉，在煮之前需在鱼肉较厚的部位划上几刀，避免出现烹饪后外表熟透而内部未熟的情况。另外，拌、煮出来的鱼肉味道较淡，食用时可搭配勾芡出的酱汁，味道更美。

醋溜鱼块

材料

草鱼块	约300克
葱	20克
姜	20克
油	少许
水	100毫升

调料

料酒	2大匙
香醋	100毫升
酱油	1大匙
白糖	2大匙
白胡椒粉	1/4茶匙
水淀粉	1大匙
香油	1大匙

做法

1. 先将草鱼块洗净，在鱼肉上划斜刀；姜和葱先拍破，备用。
2. 取炒锅，于锅内加入100毫升水（水的高度以淹过鱼肉为准），将水煮沸后加入料酒、葱、姜。
3. 再放入草鱼块，待水沸腾后转至小火。
4. 煮约8分钟至熟后捞起草鱼块，沥干装盘。
5. 热锅，倒入油，将其余调料（除水淀粉、香油外）放入拌匀，煮沸后用水淀粉勾芡，再洒入香油，最后将此酱汁淋在草鱼块上即可。

三丝拌鱼条

材料

鱼肉200克，淀粉适量，
木耳丝、洋葱、小黄瓜丝、甜椒、青椒、姜丝各20克

调料

白醋、香油各1大匙，料酒1小匙，白糖2小匙，
蘑菇精、盐各1/2小匙

做法

1. 鱼肉切成长条状；洋葱切丝；甜椒切丝；青椒切丝，备用。
2. 将鱼条均匀地沾上淀粉，放入沸中汆烫至熟，捞出。
3. 将烫好的鱼条捞出后，再用矿泉水将鱼条冲凉后备用；将所有调料拌匀备用。
4. 再将鱼条与其余材料一起拌匀。
5. 将拌匀后的调料倒入鱼条中，浸泡30分钟入味后，即可装盘。

凉拌洋葱鱼皮

材料

鱼皮300克，洋葱100克，胡萝卜丝少许，
香菜20克，红辣椒30克，大蒜15克

调料

香油1大匙，盐、白胡椒粉各少许，
辣椒油、糖各1小匙

做法

1. 洋葱切丝，放入冰水中冰镇约20分钟备用；香菜切碎；红辣椒切片；大蒜切碎。
2. 鱼皮洗净，放入沸水中快速汆烫，捞起泡入冰水中备用。
3. 取一容器，加入洋葱丝、鱼皮，再加入大蒜碎、红辣椒片、胡萝卜丝与所有调料，充分混合搅拌均匀，撒上香菜即可。

五味鱼片

材料

鲷鱼400克，姜片、葱段适量

调料

五味酱、料酒各适量

做法

1. 鲷鱼洗净，切厚片备用。
2. 热一锅水，加入姜片、葱段煮沸后，再加入料酒、鲷鱼片煮至沸腾，熄火，盖上锅盖闷约2分钟。
3. 捞出鲷鱼片，沥干盛盘，淋上五味酱即可。

和风酱鱼丁

材料

鲷鱼400克，洋葱100克，香菜、芹菜各5克，大蒜、红辣椒各10克，色拉油1大匙，水500毫升

调料

和风酱适量

做法

1. 先将鲷鱼洗净，再切成大块状备用。
2. 将洋葱切丝；大蒜、红辣椒切片；芹菜、香菜洗净切碎，备用。
3. 取一个炒锅， 先加入色拉油，再加入洋葱丝、大蒜片、红辣椒片、芹菜碎，以中火爆香，再加入和风酱和水，以中火煮至沸腾。
4. 将切好的鱼块加入，共同烧煮至入味，熄火盛入盘中，最后撒入香菜碎即可。

卤虱目鱼肚

材料

虱目鱼肚2片，姜丝、辣椒各20克，蒜末10克，水2000毫升，罗勒适量

卤汁

盐1小匙，糖1大匙，鸡精2小匙，料酒60毫升，酱油120毫升，豆豉2大匙，
酱菠萝80克，豆酱1/2杯

做法

1. 罗勒洗净铺在盘底；虱目鱼肚片洗净，擦干备用；辣椒切片。
2. 所有的卤汁和姜丝、蒜末、辣椒片、水混合后，以大火煮沸。
3. 转小火，再放入虱目鱼肚片，烧至鱼肚软嫩后捞出，盛放于罗勒上即可。

味噌烫鱼片

材料

鲷鱼400克，芹菜100克，姜6克，辣椒30克

调料

味噌酱、酱油各适量

做法

1. 将鲷鱼洗净，切成大丁状，再放入80℃的热水中烫约1分钟，捞起备用。
2. 将芹菜切成段状，辣椒、姜切丝，都放入沸水中汆烫，捞起备用。
3. 将所有材料混和，放入盘中，再淋入味噌酱、酱油搅拌即可。

啤酒鱼

材料
鱼1条（约500克），葱、芹菜段各30克，
姜片20克，油、色拉油各少许，水100毫升

调料
啤酒一罐（约350毫升），蚝油2大匙，
白糖1/2茶匙

做法
1. 鱼洗净后，用厨房纸巾擦干，在鱼身两面各划1刀；葱切段，备用。
2. 热锅，倒入少许色拉油，将鱼放入锅中，以小火煎至两面微焦后，取出装盘备用。
3. 另热一锅，倒入少许油，以小火爆香葱段、芹菜段、姜片，再加入煎好的鱼、啤酒、水、蚝油和白糖，以小火煮沸后再煮约10分钟至水分略干，即可盛出。

酸菜鱼

材料
草鱼肉200克，酸菜150克，笋片60克，
姜15克，色拉油少许，高汤400毫升

调料
料酒1大匙，盐适量，淀粉、香油各1茶匙，
鸡精1/4茶匙，白糖1/2茶匙，绍兴酒2大匙，
花椒粒5克

做法
1. 草鱼肉切厚约1/2厘米的片状，以料酒、1/6茶匙盐、淀粉抓匀；酸菜洗净后切小片；姜切丝，备用。
2. 热一锅，加入色拉油，以小火爆香姜丝、花椒粒，接着加入酸菜片、笋片、1/4茶匙盐、鸡精、白糖、绍兴酒、高汤共煮。
3. 待煮沸后，将草鱼片逐片放入锅中，略微翻动即可，并以小火煮约2分钟，至草鱼肉片熟后，淋上香油即可起锅。

砂锅鱼头

材料

鲢鱼头	半个
老豆腐	1块
芋头	50克
大白菜	100克
葱段	30克
姜片	10克
蛤蜊	8个
豆腐角	10个
木耳片	30克
水	1000毫升

腌料

盐	1茶匙
糖	1/2茶匙
淀粉	3大匙
鸡蛋	1个
白胡椒粉	1/2茶匙
香油	1/2茶匙

调料

盐	1/2茶匙
蚝油	1大匙

做法

1. 将腌料混合拌匀，均匀地涂在鲢鱼头上。
2. 芋头切块；老豆腐洗净，切长方块；大白菜洗净，入沸水中汆烫至熟后捞出，沥干放入砂锅底。
3. 将芋头块、老豆腐块分别放入油锅中，以小火炸至表面金黄，捞出沥油。
4. 将鲢鱼头放入油锅中炸至表面呈金黄色后捞出沥油。
5. 向砂锅中依序放入炸好的鲢鱼头、葱段、姜片、炸好的老豆腐块和芋头块、豆腐角、木耳片以及水、盐、蚝油，共煮约12分钟，再加入蛤蜊，煮至其开壳即可。

一锅鲜

材料

鲫鱼2条（约400克），羊肉片50克，
葱100克，姜20克，油2大匙，水600毫升

调料

盐、白胡椒粉各1/4小匙，绍兴酒2大匙

做法

1. 先将鲫鱼洗净；葱洗净切段；姜去皮切片，备用。
2. 热锅，加入油，先将葱段、姜片炒至焦香，捞出后再放入鲫鱼，煎至两面焦黄后盛出备用。
3. 取一汤锅，放入炒香的葱段、姜片作为汤底，再放入煎好的鲫鱼，并倒入水，以中火煮沸后加入羊肉片，盖上锅盖改转小火，持续煮约10分钟后，加入其余调料煮匀即可。

注：可加入上海青、胡萝卜片等蔬菜一起烹煮食用。

鱼片火锅

材料

鱼肉300克，冬笋200克，香菇3朵，
上海青适量，高汤2500毫升，粉条1把

调料

盐1/2大匙，
蘑菇精、料酒、猪油各1小匙

做法

1. 将鱼肉切成薄片后，排入盘中备用。
2. 冬笋切成细末；香菇泡软切片；上海青洗干净；粉条用水泡软，备用。
3. 将冬笋及高汤、盐、蘑菇精、料酒、猪油加入锅中一起煮沸，作为火锅的汤底。
4. 食用前，再向火锅汤底里加入冬笋末、鱼片、香菇片、上海青及粉条，煮熟后即可食用。

归芪炖鲜鲤

材料

鲤鱼1条，红枣、老姜片各50克，人参片2片，当归、桂枝各2克，枸杞30粒，黄芪3片，水500毫升

调料

盐1/2大匙，料酒60毫升

做法

1. 将鲤鱼去除内脏、鱼鳞、鱼鳃，洗净后放入沸水汆烫，约30秒钟后捞出，以冷水冲凉洗净，备用。
2. 当归、枸杞、黄芪、人参均洗净，备用。
3. 将冲净后的鲤鱼及当归、枸杞、黄芪、桂枝、红枣、人参片、老姜片，与水、盐、料酒一同放入元盅内。
4. 再将元盅加上盖子封好，放入蒸笼，以大火蒸2小时。
5. 蒸完后，把元盅自蒸笼中取出，将食物盛至碗中即可。

味噌豆腐三文鱼汤

材料

三文鱼200克，老豆腐300克，味噌90克，葱花适量，水1000毫升

调料

糖1/2小匙，料酒1大匙

做法

1. 三文鱼洗净、切小块，备用。
2. 老豆腐切小块，放入热水中泡一下，备用。
3. 味噌加少许水搅拌均匀，备用。
4. 锅中倒入水煮沸后，放入老豆腐与味噌煮至沸腾。
5. 再加入三文鱼块和所有调料共煮，煮沸后熄火，加入葱花即可。

姜丝鱼块汤

材料

鱼肉200克，姜丝15克，香菜少许，水1000毫升

调料

盐、蘑菇精各1小匙，
料酒1大匙，香油2小匙

做法

1. 将鱼肉切块，用热水汆烫去血水后，再以清水洗净，备用。
2. 将水煮至沸腾后，加入鱼块，再以中火煮至沸腾。
3. 再加入盐、蘑菇精、料酒调味，淋上香油，最后放入姜丝与香菜即可。

味噌鱼下巴汤

材料

鱼下巴1片，豆腐200克，葱花20克，水1500毫升

调料

味噌150克，蘑菇精1小匙，料酒1大匙，
糖2小匙

做法

1. 将鱼下巴切块，放入沸水中汆烫去血水后，捞出备用；将豆腐切成小丁，备用。
2. 将味噌、蘑菇精、糖搅拌均匀成调料，备用。
3. 把水煮至沸腾后，将鱼下巴放入。
4. 再将做好的调料倒入锅中调味，放入料酒并煮至沸腾。
5. 最后放入豆腐与葱花稍稍搅拌，即可熄火。

虱目鱼肚汤

材料

虱目鱼肚600克，嫩豆腐丁200克，姜丝15克，水2000毫升，罗勒适量

调料

盐1小匙，味精2小匙，料酒1大匙，香油适量

做法

1. 将虱目鱼肚放入沸水中汆烫，捞出后，洗净备用。
2. 取一锅，将水煮沸后，放入虱目鱼肚、姜丝、嫩豆腐丁、盐、味精、料酒，以小火煮至沸腾时，捞除浮沫后熄火，最后加入罗勒与香油提味即可。

白鲳鱼米粉汤

材料

白鲳鱼300克，粗米粉200克，香菇3朵，虾米30克，蒜苗40克，蒜酥15克，芹菜末10克，水（或高汤）1500毫升

调料

盐1小匙，鸡精、白胡椒粉各1/2小匙，料酒1/2大匙

做法

1. 白鲳鱼洗净切大块，放入油温160℃的油锅中炸至表面金黄，捞起沥油，备用。
2. 香菇泡水后切丝；虾米泡水；蒜苗切段，分蒜白与蒜尾；粗米粉放入沸水中烫熟，备用。
3. 热锅，放入香菇丝、虾米、蒜白爆香，加入水或高汤煮至沸腾。
4. 再加入烫熟的粗米粉煮沸后，放入白鲳鱼块及所有调料，煮至入味。起锅前加入蒜酥、蒜尾、芹菜末即可。

鱼片翡翠煲

材料
鲷鱼片250克，上海青丝100克，姜片20克，
红甜椒丁、南瓜片各40克，油适量，水50毫升

腌料
酱油、淀粉、白胡椒粉各1小匙

调料
盐、糖各1小匙，白胡椒粉1/2小匙，
料酒、香油各1大匙，七味粉适量

做法
1. 上海青丝、红甜椒丁与南瓜片分别放入沸水中烫熟，备用。
2. 鲷鱼片用所有腌料腌10分钟，放入沸水中烫熟，备用。
3. 热锅，倒入油，放入姜片爆香，加入其余所有材料及所有调料（除七味粉外），煮至略收汁，撒上七味粉即可。

木瓜鱼煲

材料
鲈鱼1条（约500克），青木瓜300克，
姜片20克，葱段50克，油2大匙，水500毫升

调料
料酒2大匙，盐1/2小匙

做法
1. 将鲈鱼洗净，用厨房纸巾擦干，鱼身两面各划1刀，切块；青木瓜切块，备用。
2. 热锅，加入油，将拭干的鲈鱼块放入锅内，煎至两面焦黄后盛出。
3. 再向锅中加入水、煎过的鲈鱼块、青木瓜块、姜片、葱段及料酒，以小火煮沸后再煮约5分钟，加入盐，继续煮约5分钟，即可盛出。

芙蓉鱼羹

材料

鱼肉	200克
鸡蛋豆腐	200克
红甜椒	20克
玉米笋	20克
小黄瓜	50克
香菇	2朵
香菜	少许
姜丝	30克
蒜酥	1小匙
淀粉	适量
水淀粉	适量
水	800毫升

调料

盐	1小匙
蘑菇精	1小匙
白糖	1小匙
料酒	1大匙
香油	2小匙
陈醋	2小匙

做法

1. 将鱼肉去掉鱼皮后切成长条，再将鱼条均匀地沾上淀粉。
2. 将沾有淀粉的鱼条放入沸水中汆烫约1分钟，烫熟后捞出，冲凉备用。
3. 将红甜椒、玉米笋、小黄瓜、香菇均切片备用；鸡蛋豆腐切丁备用。姜丝放入锅中爆香，再加入水、盐、蘑菇精、白糖、料酒一起拌匀。
4. 放入鸡蛋豆腐、红甜椒片、玉米笋片、小黄瓜片、香菇片和烫熟的鱼条，一起拌煮。
5. 待沸腾后，倒入水淀粉勾薄芡，再加入蒜酥、香菜、陈醋、香油，搅拌均匀即可盛盘。

苋菜吻仔鱼羹

材料

吻仔鱼100克，苋菜350克，鱼板20克，油少许，蒜末15克，高汤800毫升，水淀粉适量

调料

盐、鸡精各1/4小匙，料酒1小匙，白胡椒粉少许

做法

1. 吻仔鱼洗净沥干；鱼板切丝，备用。
2. 苋菜洗净切段，放入沸水中汆烫一下，沥干备用。
3. 热锅，倒入油，放入蒜末爆香至金黄色，取出蒜末即成蒜酥，备用。
4. 再向锅中倒入高汤煮沸，放入苋菜再次煮沸。
5. 加入吻仔鱼、鱼板丝及所有调料煮匀，以水淀粉勾芡，撒上蒜酥即可。

茄汁炖鲭鱼

材料

鲭鱼600克，西红柿300克，葱段10克，水700毫升，油适量

调料

白醋250毫升，糖1大匙，盐1/4小匙，鸡精少许，番茄酱2大匙

做法

1. 鲭鱼处理好，洗净切大块，以白醋浸泡，冷藏腌制一晚；西红柿汆烫去皮切块，备用。
2. 热锅，加入油，放入葱段爆香，加入西红柿块、番茄酱炒匀，再加入水煮约10分钟。
3. 放入鲭鱼块、糖、盐和鸡精，盖上锅盖，以中火炖煮约15分钟即可。

咖喱煮鱼块

材料

鲜鱼	300克
土豆	100克
西蓝花	80克
洋葱片	50克
蒜末	5克
水	600毫升
咖喱粉	1大匙
油	1大匙

腌料

盐	少许
料酒	1小匙
淀粉	1小匙
玉米粉	1小匙

调料

盐	1/4小匙
鸡精	1/4小匙
糖	少许

做法

1. 鲜鱼洗净切块，加入腌料腌约15分钟捞出，放入热油锅中炸约1分钟后，捞起沥油。
2. 土豆洗净，去皮切块状，放入沸水中煮约10分钟，捞起沥干；西蓝花洗净切小朵，放入沸水中略汆烫，捞起沥干。
3. 热锅，加入油烧热，放入洋葱片和蒜末爆香，先加入土豆块和咖喱粉共炒，再加水煮沸，并盖上锅盖煮10分钟，续放入鱼块和所有调料煮至入味，盛盘后放入西蓝花装饰即可。

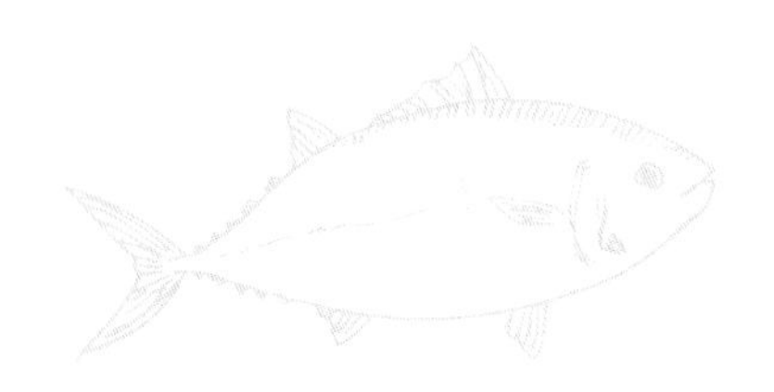

马鲛鱼鱼羹

材料

马鲛鱼	500克
大白菜丝	250克
木耳丝	50克
胡萝卜丝	50克
葱酥	80克
姜末	60克
蒜泥	适量
香菜	适量
淀粉	适量
水淀粉	适量
鱼骨高汤	1500毫升

腌料

葱段	60克
姜片	40克
胡椒粉	1小匙
料酒	100毫升

调料

陈醋	60毫升
香油	1大匙
盐	1小匙
白糖	2大匙
味精	1大匙
胡椒粉	2小匙
料酒	60毫升

做法

1. 将马鲛鱼切条，与所有腌料混合，腌约30分钟以上，取出马鲛鱼条沾裹淀粉，放入约170℃的油锅中，以中火炸至金黄酥脆状，捞出备用。
2. 将鱼骨高汤煮至沸腾后，加入大白菜丝、木耳丝、胡萝卜丝、葱酥、姜末与盐、白糖、味精、胡椒粉、料酒共煮至再次沸腾，倒入水淀粉勾芡，再加入马鲛鱼条、蒜泥、香菜、陈醋与香油拌匀即可。

PART 5

电锅鱼

电锅刚出现的时候，具备好用、方便的特性，不仅可做米饭，还能用于煲汤、烹制蛋糕等各式美味食品。直到现在，电锅仍是很多家庭的必备生活用品。但是，要如何才能利用电锅，做出香喷喷的鱼类菜品呢？本章内容将为您揭晓答案！

电锅达人速成指南

传统电锅好，还是电子锅好？可以用抹布清洁电锅吗？如果这些问题使你困惑，请你一定要学好下面的知识，传授给你的亲朋好友，让大家一起向电锅达人之路迈进。

电锅这样选就对了！

● 材质为首要关键

旧式电锅的内锅材质以铝制为多，但因为铝制品会因高温氧化，而释放出有害物质，铝元素在体内积累过多会导致阿尔茨海默病，所以最好选择不锈钢材质。再者要看是否已经通过安全验证，考虑售后服务的便利性。购买时也可按按开关，检查电线、内锅，确保配件完好无缺，可以正常使用。

● 评估用途

电子锅和电锅都可以用于煮食与保温，不同的是，电锅采用隔水加热的间接加热方式，食物养分易保存，加上没有预约定时功能，保温效果可维持在60～70℃，且价钱便宜，能够蒸、煮、卤、炖兼具保温，但缺点是保温过久时，会使食物变干；电子锅采用底部直接加热法，食材会翻滚，容易破坏食物的营养；新式的电子锅，除了有电锅的烹调特性，还可以定时预热，但是价钱较贵，不过选择性也多样。

电锅保养、清洁没问题！

● 外锅保养、清洁这样做

外锅清理时，不可以将外锅浸泡于水中，或让插头沾到水，以免水浸入开关部位或插头处，导致漏电。外锅的内壁清洗时，宜用软质的抹布，或是沾了清洁剂的海绵擦拭，不能用铁刷。且每次使用完后，一定都要清洁，以免日后造成油垢堆积。外锅的外部，适宜用湿毛巾或干布擦拭。

● 内锅保养、清洁这样做

当有锅巴或食材硬物黏着于内锅壁时，可以提前用水浸泡再清洗，不要用汤匙或是抹布硬抠。清洗时以软质的抹布，或是沾了清洁剂的海绵擦拭即可。

若想要去除异味，可以将滚热的水注入内锅约8分满，放置约1小时；也可以在内锅中加入7分满的冷水，加热煮约50分钟，按下“保温键”后拔下插头。再将内锅擦拭干净即可。

收纳电锅时，要将锅内水分擦干且保持干燥，待热气消散后才可以收起来。

电锅烹调技巧大解析

易学好用的电锅，是很多人都很喜欢的厨房用品。不过该如何用对技巧做出美味食物，一知半解的人为数不少，他们会遇到“到底多少烹饪分量，要加多少水？”“内锅怎么摆才对？”等问题。如果这些问题也让您眼冒金星，做菜力不从心，那么就从现在开始，用心学会以下所传授的电锅烹调技巧吧！学会后，一定会让您在利用电锅烹饪食物时得心应手。

● 加水量影响炖煮时间

因为电锅是借水蒸煮，间接加热烹调，所以外锅水量的多少，除了直接影响到炖煮时间外，也会影响食物的美味。通常1/2量杯的水，可以蒸10分钟；1量杯水可蒸15～20分钟；2杯水则可蒸30～40分钟。如果炖煮不易熟的食材，可以增加外锅的水量，以延长炖煮时间，但是续加水时，一定要用热水，以免锅内温度顿时骤降，影响烹调时间与烹饪美味。此外，调料如盐，起锅前加最好。

● 依照食物特点，决定入锅时机

如用电锅蒸生的包子、馒头等发酵的食物，要等到外锅的水沸腾，锅子冒出水蒸气后再放入食材。

● 内锅宜放入外锅正中央

如果将内锅偏于一侧，煮出来的食物会受热不均，其锅盖上的水蒸气，会在蒸煮时，沿着靠外锅壁的内锅，流入内锅的食材中，这样易使菜肴走味。

● 依食材易熟度，调整加热时间

如果是不易熟的食材，可以先加热炖煮，待开关跳起后，继续加入易熟的食材，并在外锅加入足够的冷水，等到开关第二次跳起即完成。

● 内锅要配合外锅的高度

不要使用超过外锅高度的内锅，以免锅盖盖上后无法密合，且加热后，所产生于锅盖内的水蒸气，更会流入内锅中，失去菜肴应有的风味。

● 用于保温，不宜超过 12 小时

电锅用于保温时，不要将饭勺、汤匙等餐具放于锅内，要盖好锅盖，以免影响烹饪风味。且为了避免饭菜走味，保温时间最好不要超过12小时。

咸鱼蒸豆腐

材料

咸鲭鱼	80克
豆腐	180克
姜丝	20克

调料

香油	1/2茶匙

做法

1. 豆腐切成厚约1.5厘米的厚片，置于盘中备用。
2. 咸鲭鱼略清洗过，斜切成厚约1/2厘米的薄片备用。
3. 将切好的咸鱼片摆放在豆腐上。
4. 在鱼片上铺上姜丝。
5. 电锅外锅加入3/4杯水，放入蒸架，将咸鱼片放置架上，盖上锅盖，按下开关，蒸至开关跳起，取出鱼，淋上香油即可。

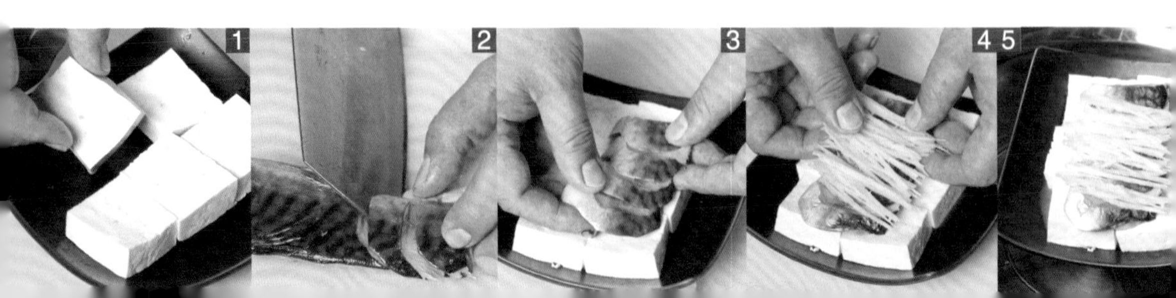

鱼粒蒸蛋

材料

旗鱼肉50克，鸡蛋2个，胡萝卜20克，青豆10克，西蓝花适量

调料

盐、白糖各1/4茶匙，料酒1/2茶匙，水2大匙

做法

1. 旗鱼肉、胡萝卜均切丁；西蓝花汆烫至熟。
2. 鸡蛋打散后，加入旗鱼肉丁、胡萝卜丁、青豆及所有调料。
3. 将加有食材的蛋液倒入一深盘中，并裹上保鲜膜。
4. 电锅外锅加入1杯水，放入蒸架后，将盘子放置架上，盖上锅盖，锅盖边插一根牙签或厚纸片，留一条缝，使水蒸气略微散出，防止鸡蛋蒸过熟；按下开关，蒸至开关跳起；最后以汆烫熟的西蓝花装饰即可。

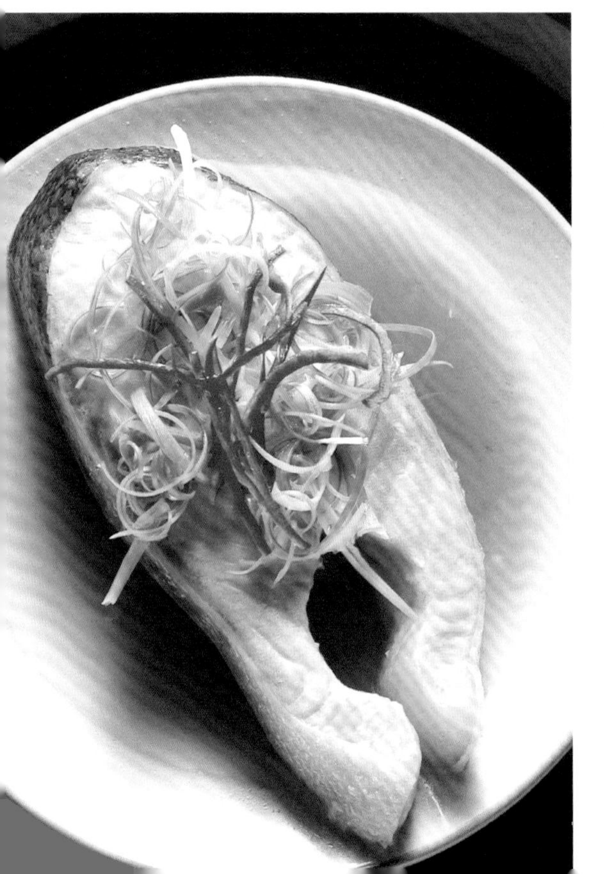

清蒸三文鱼

材料

三文鱼400克，生姜4片，色拉油2大匙，姜丝、葱丝、辣椒丝各10克

调料

蒸鱼酱油1大匙，料酒1小匙

做法

1. 姜片铺在蒸盘上，再放上洗净的三文鱼片，淋上料酒。
2. 将蒸盘放入电锅中，外锅加入1杯水，蒸至开关跳起，取出蒸盘，将盘中的水倒掉，并将姜片挑出。
3. 蒸熟的三文鱼片上，摆放姜丝、葱丝、辣椒丝，并淋上蒸鱼酱油。
4. 色拉油放入锅中加热至沸腾后，淋在三文鱼的葱丝上即可。

梅菜蒸鱼

材料

鲜鱼1条（约160克），梅干菜40克，
姜末、辣椒末各5克，蒜末10克

调料

蚝油、酱油、料酒各1小匙，白糖1/2小匙，
水、香油各1大匙

做法

1. 鲜鱼处理好后洗净，在鱼身两侧各划2刀，划深至骨头处，但不切断，置于盘上备用。
2. 梅干菜用清水泡发后，洗净、沥干、切碎，与姜末、蒜末、辣椒末及所有调料（除香油外）一起拌匀后，淋在鲜鱼上。
3. 电锅外锅加入1杯水，放入蒸架后，将鱼放置架上，盖上锅盖，按下开关，蒸至开关跳起。
4. 取出鲜鱼，淋上香油即可。

笋片蒸鱼

材料

鲷鱼400克，竹笋300克

调料

蚝油、料酒各1大匙，糖、辣椒末各1/4茶匙，
姜末1/2茶匙

做法

1. 将鲷鱼切成片状；调料混合均匀，备用。
2. 竹笋先放入电锅中，外锅加1杯水，蒸熟后取出，切成与鲷鱼片同等大小的薄片备用。
3. 将鲷鱼片与竹笋片交错摆放于盘中，最后均匀淋上混合好的调料。
4. 放1杯水于电锅外锅，再将盛有鲷鱼片和竹笋片的盘放于电锅中，蒸至熟即可。

豆瓣蒸鱼

材料

鲷鱼片400克，姜5克，大蒜20克，红辣椒10克

调料

豆瓣酱、料酒各1大匙，酱油、香油各1小匙，盐、白胡椒粉各少许

做法

1. 先将鲷鱼片洗净，再切成大块状备用。
2. 把姜切成丝状；大蒜、红辣椒均切成片状备用。
3. 取一容器，将所有的调料加入，混合拌匀成调料汁备用。
4. 取一盘，把切好的鱼块放入，再放入姜丝、大蒜片、红辣椒片与调料汁。
5. 用耐热保鲜膜将盘口封起来，再将其放入电锅中，于外锅加入2/3杯水，蒸约10分钟至熟即可。

榨菜肉丝蒸鱼

材料

鲜鱼1条（约220克），榨菜丝40克，肉丝45克，葱50克，姜、辣椒各10克

调料

蚝油、白糖、香油各1茶匙，酱油、水各1大匙

做法

1. 鲜鱼处理好，洗净，在鱼身两侧各划2刀，划深至骨头处，但不切断，置于盘上；榨菜丝略洗，沥干备用。
2. 姜、辣椒均切丝，与榨菜丝、肉丝及所有调料（除香油外）一起拌匀后，淋于鲜鱼上。
3. 电锅外锅加入1/2杯水，放入蒸架后，将鱼放置架上，盖上锅盖，按下开关，蒸至开关跳起。
4. 取出鲜鱼后，将葱切丝，撒在鱼上，再淋上香油即可。

泰式蒸鱼

材料

鲜鱼1条（约230克），西红柿100克，
柠檬1/2个，蒜末5克，香菜6克，辣椒50克

调料

鱼露1大匙，白醋1茶匙，盐1/4茶匙，白糖1/2茶匙

做法

1. 鲜鱼处理好，洗净，在鱼身两侧各划2刀，划深至骨头处，但不切断，置于盘上；柠檬榨汁；西红柿切丁；香菜、辣椒切碎，备用。
2. 蒜末与柠檬汁、西红柿丁、香菜碎、辣椒碎及所有调料一起拌匀后，淋于鲜鱼上。
3. 电锅外锅加入1/2杯水，放入蒸架后，将鲜鱼放置架上，盖上锅盖，按下开关，蒸至开关跳起即可。

豆豉虱目鱼

材料

虱目鱼肚220克，姜丝、蒜末、葱花各10克，
辣椒50克

调料

豆豉25克，蚝油2茶匙，酱油1大匙，水2大匙，
料酒、白糖各1茶匙

做法

1. 虱目鱼肚洗净，置于深盘上；辣椒切片，备用。
2. 豆豉洗净沥干后，与姜丝、蒜末、辣椒片及其余调料一起拌匀后，淋于虱目鱼肚上。
3. 电锅外锅加入1/2杯水，放入蒸架后，将虱目鱼肚放置架上，盖上锅盖，按下开关，蒸至开关跳起后取出，再撒上葱花即可。

西红柿肉酱蒸鳕鱼

材料

鳕鱼200克，姜片5克，葱末50克，大蒜20克

调料

西红柿肉酱170克，料酒2大匙

做法

❶ 将鳕鱼洗净，再使用餐巾纸吸干水，放入盘中。

❷ 取一容器，将所有的调料、姜片、葱末和大蒜一起轻轻搅拌均匀，再铺盖在鳕鱼上。

❸ 将盘子盖上保鲜膜，放入电锅中，外锅加入一杯水，蒸至开关跳起即可。

五柳蒸鱼

材料

马鲛鱼200克，洋葱、葱各20克，木耳10克，胡萝卜条、竹笋丝各30克，辣椒1/3个

调料

酱油、番茄酱、香油各1小匙，料酒1大匙，盐、白胡椒粉各少许

做法

❶ 将马鲛鱼洗净，再使用餐巾纸吸干水，放入盘中；洋葱、木耳、葱、辣椒均切丝。

❷ 取一容器，将所有的调料搅拌均匀，铺盖在马鲛鱼上。

❸ 将洋葱丝、木耳丝、胡萝卜条、竹笋丝放在马鲛鱼上，盖上保鲜膜，放入电锅中，外锅加入一杯水，蒸至开关跳起。

❹ 取出，再放入葱丝和辣椒丝即可。

关键提示

本品也可用微波炉制作：做法1～2同电锅做法；放入微波炉中加热3分钟后取出，撕去保鲜膜。将泰式甜辣酱与开水混合调匀后，淋在鱼片上，再撒上葱花即可。

甜辣鱼片

材料

鲷鱼150克，葱花15克

调料

料酒1茶匙，水、开水各1大匙，泰式甜辣酱3大匙

做法

1. 将鲷鱼洗净，切成厚约1厘米的鱼片，排放至盘中。
2. 料酒与水混合后，淋在鱼片上。
3. 用保鲜膜封好装有鲷鱼肉的盘子，再放入电锅中，外锅加入1/2杯水，蒸至开关跳起后取出。
4. 将泰式甜辣酱与开水混合调匀后，淋在鱼片上，最后撒上葱花即可。

豉汁蒸鱼头

材料

鲢鱼头约600克，葱50克，姜、大蒜各20克，红辣椒5克，豆豉30克，淀粉1小匙

调料

蚝油、酱油、水各1大匙，色拉油1.5大匙，白糖、料酒各1小匙

做法

1. 鲢鱼头洗净，以厨房纸巾擦干，剁成小块放入蒸盘中，备用。
2. 豆豉洗净，姜、大蒜去皮，红辣椒洗净、去蒂及籽，全部切碎一起放入碗中，加入所有调料（除色拉油外）拌匀成蒸酱。
3. 将蒸酱淋在鱼头上，放入电锅中，外锅加入1.5杯热水，煮至开关跳起后取出。
4. 将葱洗净、切细圈，均匀撒在蒸好的鱼头上，再淋上烧热的色拉油即可。

豆酥蒸鳕鱼

材料

鳕鱼	1片
葱	50克
大蒜	50克
红辣椒	20克

调料

豆酥	100克
香油	1大匙
盐	少许
白胡椒粉	少许
料酒	1大匙

做法

1. 将鳕鱼片洗净。
2. 用餐巾纸将其表面水分吸干，备用。
3. 锅中倒入香油烧热，加入豆酥翻炒至香味散出。
4. 将切碎的葱、大蒜、红辣椒放入锅中，再加入盐、白胡椒粉、料酒，翻炒均匀至熟后关火，制成调料备用。
5. 将调料均匀铺在鳕鱼上，用耐热保鲜膜将盘口封起来，放入电锅，于外锅加入1杯水，蒸约15分钟至熟即可。

咸冬瓜蒸鳕鱼

材料

鳕鱼片200克，咸冬瓜2大匙，料酒1大匙，葱20克，红辣椒1个

做法

❶ 鳕鱼片洗净后放入蒸盘；葱、红辣椒均切丝，备用。

❷ 咸冬瓜铺在鳕鱼片上，再淋上料酒；将蒸盘放入电锅中，外锅放1杯水，盖上锅盖后，按下开关，待开关跳起取出，撒上葱丝、红辣椒丝即可。

咖喱蒸马鲛鱼

材料

马鲛鱼、金针菇各200克，葱、芹菜各50克，姜末5克

调料

咖喱粉2大匙，香油、奶油各1小匙，鲜奶30毫升，盐、白胡椒粉各少许

做法

❶ 将马鲛鱼洗净，再用餐巾纸吸干水，放入盘中。葱切末、芹菜切段，备用。

❷ 取一容器，将所有调料、姜末、葱末和芹菜段、金针菇一起搅拌均匀，铺盖在马鲛鱼上。

❸ 将盘盖上保鲜膜，放入电锅中，外锅加入一杯水，蒸至开关跳起即可。

粉蒸鳝鱼

材料

鳝鱼片150克，葱50克，蒜末20克

调料

辣椒酱、酒酿、香油、香醋各1大匙，
酱油、白糖各1小匙，蒸肉粉2大匙

做法

1. 鳝鱼片洗净后沥干，切成长约5厘米的片状；葱切丝，备用。
2. 将鳝鱼片、蒜末与所有调料（除香醋外）一起拌匀，腌制约10分钟后装盘。
3. 电锅外锅加入1/2杯水，放入蒸架，将腌好的鳝鱼片放置架上，盖上锅盖，按下开关，蒸至开关跳起。取出，再撒上葱丝，淋上香醋即可。

台式蒸鱼

材料

鲜鱼约300克，五花肉丝30克，榨菜丝20克，
姜10克，葱50克

调料

酱油、料酒各1小匙，蚝油、白糖各1/2小匙，
水1大匙

做法

1. 鲜鱼洗净，以厨房纸擦干；葱洗净、切成葱花，备用。
2. 姜去皮、切丝，与榨菜丝、五花肉丝及所有调料一起拌匀，备用。
3. 将鱼放入蒸盘中，加入拌好的调料，封上保鲜膜，放入电锅中，外锅加入1.5杯热水，煮至开关跳起后取出，撕去保鲜膜，撒上葱花即可。

大蒜炖鳗鱼

材料

鳗鱼400克，大蒜80克，姜片10克，水800毫升

调料

盐1/2小匙，鸡精1/4小匙，料酒1小匙

做法

1. 鳗鱼洗净，切小段后置于汤锅（或内锅）中；大蒜、料酒与姜片、水一起放入汤锅（或内锅）中。
2. 电锅外锅加入1杯水，放入汤锅，盖上锅盖，按下开关，蒸至开关跳起。
3. 取出鳗鱼，加入盐、鸡精调味即可。

蒸鲜鱼

材料

鲜鱼1条（约160克），葱100克，姜15克，辣椒1个

调料

酱油1大匙，白糖1/2茶匙，水2大匙，料酒、香油各1茶匙，淀粉1/6茶匙

做法

1. 鲜鱼洗净，在鱼身两侧各划2刀，划深至骨头处但不切断，置于盘上，备用。
2. 将葱切小段、辣椒切条、姜切丝，均铺在鲜鱼上，再将所有调料调匀后，淋在鲜鱼上。
3. 将装有鱼的盘放入电锅内锅中，外锅加入1杯水，蒸至开关跳起后取出即可。

蛤蜊蒸鱼片

材料

鲷鱼1片（约150克），蛤蜊200克，姜丝5克，芹菜100克，辣椒、胡萝卜片各20克

调料

酱油、糖、白胡椒各1小匙，盐1大匙

做法

1. 蛤蜊放入大碗中，加入1大匙盐，让蛤蜊吐沙1小时后备用。辣椒切片、芹菜切段。
2. 将鲷鱼片洗净，再使用餐巾纸吸干水，放入盘中。
3. 取一容器，加入所有调料一起混合搅拌均匀，再淋在鲷鱼片上。
4. 将姜丝、辣椒片、芹菜段、胡萝卜片和蛤蜊放于鲷鱼片上，盖上保鲜膜，放入电锅内锅中，外锅加入一杯水，蒸至开关跳起即可。

红曲蒸鱼

材料

鲷鱼1片（约150克），姜片5克，葱50克，辣椒、猪肉丝、大蒜各20克

调料

红曲酱3大匙，料酒1大匙，香油1小匙，盐、白胡椒粉各少许

做法

1. 将鲷鱼洗净，再使用餐巾纸吸干水，放入盘中。辣椒切片、葱切段，备用。
2. 取一容器，将所有的调料一起搅拌均匀，淋在鲷鱼上。
3. 将姜片、辣椒片、葱段、猪肉丝和大蒜放于鲷鱼上，盖上保鲜膜，放入电锅内锅中，外锅加入一杯水，蒸至开关跳起即可。

腌梅蒸鳕鱼

材料

鳕鱼400克，葱段、葱丝、姜丝各适量

调料

盐1小匙，料酒、梅汁各1大匙，紫苏梅3～4颗

做法

1. 将鳕鱼洗净沥干，抹上盐及料酒。
2. 盘中铺上葱段，再放上鳕鱼片、紫苏梅，并淋入梅汁。
3. 外锅加1杯水，将盘放入电锅内锅中，蒸至开关跳起。
4. 起锅后撒上姜丝、葱丝即可。

XO酱蒸鳕鱼

材料

鳕鱼200克，辣椒、大蒜各20克，芹菜50克，粉丝1把，豌豆苗适量

调料

盐、白胡椒粉各少许，糖1小匙，XO酱1大匙

做法

1. 粉丝泡冷水至软后，捞起沥干，放入盘中。辣椒切片、芹菜切段、大蒜切片，备用。
2. 鳕鱼洗净，再使用餐巾纸吸干水，放在粉丝上。
3. 取容器，将所有的调料混合搅拌均匀，淋在鳕鱼上。
4. 将辣椒片、大蒜片和芹菜段放于鳕鱼上，盖上保鲜膜，放入电锅内锅中，外锅加入1杯水，蒸至开关跳起后取出，放入豌豆苗即可。

三文鱼菜饭

材料

三文鱼片300克，玉米酱50克，蒜苗末10克，大米100克，水100毫升

做法

1. 大米洗好备用。
2. 内锅放入大米和其余材料（蒜苗末先不加入），放入电锅中，外锅加入1杯水，按下开关，烹煮至开关跳起。
3. 取出后再拌入蒜苗末即可。

关键提示

玉米酱加入菜饭中同煮，可同时品尝到玉米粒和玉米酱汁的浓稠香甜口感。

鲷鱼咸蛋菜饭

材料

鲷鱼片200克，咸鸭蛋50克，大米100克，生香菇片、豌豆苗各20克，水100毫升

做法

1. 大米洗好；咸鸭蛋去壳切瓣，备用。
2. 内锅放入大米和其余材料（豌豆苗先不加入），放入电锅中，外锅加入1杯水，按下开关，烹煮至开关跳起即可。
3. 再放入豌豆苗焖约1分钟。

因为鲷鱼片煮时容易碎，所以处理食材时，不要将鱼片切的块太小，这样菜饭煮起来较好看。

胡萝卜吻仔鱼菜饭

材料

吻仔鱼、大米各100克，圆白菜丝10克，胡萝卜末50克，水100毫升

做法

❶ 大米洗好备用。

❷ 内锅放入大米和剩余材料，放入电锅中，外锅加入1杯水，按下开关，烹煮至开关跳起即可。

注：若在菜饭中加入少许料酒同煮，可提升吻仔鱼的鲜美程度。

港式咸鱼菜饭

材料

咸鱼、大米各100克，鱿鱼头50克，水100毫升，小白菜梗、小白菜叶各15克，干香菇30克

做法

❶ 大米洗好；咸鱼切小片；鱿鱼头洗净切小块；干香菇泡开切片，备用。

❷ 内锅放入大米、咸鱼片、鱿鱼头块、香菇片、水和小白菜梗，放入电锅中，外锅加入1杯水，按下开关，烹煮至开关跳起即可。

❸ 再放入小白菜叶焖约1分钟即可。

金枪鱼鸡肉饭

材料

大米200克，去骨鸡腿250克，洋葱100克，金枪鱼罐头2罐，黑橄榄适量，水1.5杯

调料

迷迭香料少许，橄榄油1大匙

做法

1. 大米洗净，沥干；去骨鸡腿洗净，用纸巾吸干水，切块；洋葱切末；金枪鱼罐头取出金枪鱼肉，沥油；黑橄榄切片备用。
2. 锅中热1大匙橄榄油，爆香洋葱末，放入鸡腿肉块炒至微焦。
3. 将大米加入锅中一起炒香，再加入1.5杯的水及迷迭香料搅拌均匀，盛起放入电锅内锅蒸，外锅加1杯水。
4. 待电锅开关跳起后，再焖5分钟，起锅后拌入金枪鱼肉、黑橄榄片，即可食用。

金枪鱼蔬菜饭

材料

金枪鱼罐头200克，菜豆30克，大米100克，红甜椒块、黄甜椒块各20克，水100毫升

做法

1. 大米洗好备用。
2. 内锅放入大米和其余材料，放入电锅中，外锅加入1杯水，按下开关，烹煮至开关跳起即可。

若选购的是油渍金枪鱼罐头，建议先将油沥干，再将金枪鱼肉放入菜饭中同煮；如果是水渍金枪鱼罐头，在菜饭中加入少许的水渍汤汁，可增添菜饭的香味。

吻仔鱼粥

材料

米饭250克，吻仔鱼100克，香葱末适量，蒜末20克，高汤650毫升，油1大匙

调料

盐、鸡精各1/4小匙，料酒1小匙，白胡椒粉少许

做法

1. 吻仔鱼洗净，沥干水，备用。
2. 热锅，倒入1大匙油烧热，放入蒜末，以小火爆香至金黄色，即为蒜酥。
3. 内锅中倒入高汤，放入米饭，加入吻仔鱼继续拌匀，再加入所有调料调味；外锅加1/2杯水，煮至开关跳起，最后加入香葱末和蒜酥拌匀即可。

番茄鱼汤

材料

炸鱼1条，葱50克，西红柿100克，番茄酱5大匙，糖1大匙，水5杯

调料

盐少许

做法

1. 葱洗净切段；西红柿洗净，去蒂头切块；炸鱼切块，备用。
2. 取一内锅，放入葱段、西红柿块、番茄酱、糖、水，放入电锅中，外锅放1杯水，按下开关。
3. 待开关跳起，放入炸鱼块，外锅再放1/2杯水，按下开关，待开关再次跳起，加盐调味即可。

姜丝鲫鱼汤

材料

鲫鱼1条（约180克），豆腐200克，姜丝20克，香菜5克，水800毫升

调料

盐1/2小匙，鸡精、香油各1/4小匙，料酒1小匙

做法

1. 鲫鱼洗净，置于汤锅（或内锅）中；豆腐切小块，与姜丝、水一起放入汤锅（或内锅）中。
2. 电锅外锅加入1杯水，放入汤锅，盖上锅盖，按下开关，蒸至开关跳起。
3. 取出鱼汤后，加入盐、鸡精、料酒及香油调味，并摆上香菜即可。

当归炖鱼

材料

鳗鱼1/2条（约400克），当归5克，枸杞8克，姜片15克，水800毫升

调料

盐1/2茶匙，白糖1/4茶匙，料酒1茶匙

做法

1. 鳗鱼洗净，切小段，置于汤锅（或内锅）中；当归、枸杞、料酒与姜片、水一起放入汤锅（或内锅）中。
2. 电锅外锅加入1杯水，放入汤锅，盖上锅盖，按下开关，蒸至开关跳起。
3. 取出鳗鱼，再加入盐、白糖调味即可。

鲜鱼味噌汤

材料

鲜鱼1条，水5杯，葱100克

调料

味噌4大匙

做法

❶ 鲜鱼去鳞去内脏，洗净切块；葱切花，备用。

❷ 取一内锅，加4杯水，放入电锅中，外锅放1杯水，盖上锅盖，按下开关。

❸ 待水沸腾，放入鲜鱼块，盖上锅盖，待水再次沸腾时，放入味噌搅拌均匀，撒入葱花即可。

山药鲈鱼汤

材料

鲈鱼700克，山药200克，姜丝10克，水800毫升，枸杞10克

调料

盐1茶匙，料酒30毫升，水1/2杯

做法

❶ 鲈鱼切块后洗净；山药去皮切小块，备用。

❷ 将所有材料加料酒放入电锅内锅中，外锅加1/2杯水，盖上锅盖，按下开关，待开关跳起，加入盐调味即可。

清蒸石斑鱼

材料

石斑鱼	1条（约700克）
葱	100克
姜	30克
红辣椒	1个
水	150毫升

调料

蚝油	1大匙
酱油	2大匙
白糖	1大匙
白胡椒粉	1/6小匙
料酒	1大匙
色拉油	100毫升

做法

1. 石斑鱼洗净后，从鱼背鳍与鱼头连接处到鱼尾，纵切一刀，深至龙骨，将切口处向下，置于蒸盘上（鱼身下横垫1根竹筷以利于水蒸气穿透）。
2. 将50克葱洗净，切段拍破；10克姜去皮，切片；葱段和姜片均铺在鱼身上，淋上料酒，移入电锅内锅中，外锅加入2杯水，煮至开关跳起，取出装盘，葱段、姜片及蒸鱼水弃置不用。
3. 另外50克葱、20克姜以及红辣椒，均切细丝铺在鱼身上；烧热色拉油淋在葱姜上。
4. 最后将剩余调料煮开，同样淋在鱼身上即可。

茶树菇三文鱼卷

材料

三文鱼片	300克
茶树菇	100克
芦笋	150克
热开水	1杯

调料

高汤	1大匙
蚝油	1大匙
味噌	1小匙
糖	少许
香油	少许
淀粉	少许

做法

❶ 三文鱼片切成约1/2厘米厚、6厘米长的薄片；茶树菇挑大小较一致的，去尾洗净；芦笋切段，保留前段有花部分约15厘米，洗净备用。

❷ 将所有调料拌匀成酱汁，备用。

❸ 取一片三文鱼片，放上5朵茶树菇，卷起固定，重复此步骤至材料用完；将茶树菇三文鱼卷接缝处朝下摆盘，再将芦笋间隔摆在每个茶树菇三文鱼卷之间。

❹ 电锅外锅加1杯热开水，按下开关，盖上锅盖，待水蒸气冒出后，将盘放入，蒸约5分钟后掀盖，淋上调好的酱汁，盖上锅盖，再蒸1分钟即可。

PART 6

微波炉鱼

好学又美味的微波炉鱼，终于要登场了！您是否会惊讶，竟然能用微波炉做出各类美味鱼，虽然少了油，尝起来比较清淡，但与其他烹饪方式做出来的鱼一样可口。所以，无论是茄汁蒸鳕鱼，还是三文鱼味噌汤，都能成为您餐桌上的美味！

微波炉达人速成班

市场上样式与功能多样的微波炉很常见，所以到哪里买已经不是重点，重要的是，如何选出最适合烹饪的微波炉，且质量又有保证。以下将为您指引一条轻松成为微波炉达人的路！一起来看看吧！

微波炉这样选就对了！

● 选择优良厂商为第一

挑选时除了要求质量优良外，也要看是否贴有通过国家检验合格的标志，以及是否附有安全使用说明书。所有的标示、操作面板和按键说明，都应该以中文标示为佳。

● 根据用途来评断为第二

想要越省电，就要选输出功率越大者。如平常只是将微波炉用于食材解冻、保温，那么购买400瓦左右即可； 500瓦左右则可以用于食物加热； 600瓦或650瓦者，可用于所需加热时间较长的烹饪；700瓦以上的微波炉则属于全能型。所以选购时，可以将用途作为评选的标准，能为您省下不少钱。

● 依照造型来选择为第三

微波炉外观有正方形、横式两种，开盖有左开式和下拉式，选择哪种要看其自身的方便性。仪表板则有按键型和转盘型，按键型能准确设定时间；而转盘型则较不易损坏。再者，关于内部的转盘，除了有位于内壁上方的盘架型微波炉外，还有温度分布均匀、底部有一活动盘的活动转盘型微波炉，后者底盘可拆卸，比较好清洗。另外，购买时，一定要考虑到微波炉摆设的位置，将长、宽、深及高度列入考虑的范围，以免买回去后造成困扰！

微波炉保养、清洁没问题！

● 用热湿布擦拭，为每次使用后的例行工作

用完微波炉，应该以热湿布擦拭炉内，不可以用抹布，且也千万不要以水清洗，以免产生故障。另外，微波炉上最好不要摆放重物。

● 用装有热水的容器和塑料片去除炉内污垢

如果有难除的污垢，可以把装有热水的容器，放入炉内微波加热，让水蒸气充满炉内，使污垢变得松软后再加以擦拭，或用塑料片刮除后，再用干布擦拭即可。而为了避免不慎触碰到开关导致空转，炉内可以放一杯水，使用时再取出来。

● 用水和柠檬汁、茶渣消除异味

将水和柠檬汁以3：1的比例，放进炉内微波加热3分钟可消除异味；亦可把装有茶叶渣或咖啡渣的容器，放于炉中一晚；或将柠檬、橙子等芳香水果皮，放入炉内微波加热3～4分钟，待自然冷却后，也能除去异味。

微波炉烹调技巧

想让微波炉烹饪更美味，就不可错过下面介绍的烹调技巧，赶紧把这些通通学起来，就能让微波炉烹饪更趋近完美。

● 覆盖保鲜膜和盖上盖子需注意时机

若有含水的食材，要温热或是蒸、炖煮时，为降低水分蒸发，就应该盖上盖子或包上保鲜膜。但是取出前，需要在保鲜膜上刺几个洞，以免和食物表面沾黏。如果是准备油炸的食材，为了产生干酥的口感，加热时就可以不用盖上保鲜膜。

● 适当搅拌，使食物受热均匀

盘内摆放食物时，应该以食物大小相同，不要相互堆叠为重点，以免造成食物受热不均。食物分量大时，宜采用分段加热法，面类、肉末等加热时间短的食材，使用微波炉烹饪时，最好取出搅拌均匀，可以避免外熟内生的现象产生。将餐具放入微波炉时，因为转盘周边的位置，是最容易接受电磁波的位置，因此在转盘的外圈，不宜放不易熟与厚度厚的食材，并应将不容易熟的食材，置于整体烹饪食物的上部，以让受热效果更均匀。另外，加热前，一定要将食材与调料均匀混合，这样才会让菜肴整体味道一致。

● 加热液态食物，不要装太满

通常以装七分满为最好，以减少加热时，因为气泡的产生，或是滚烫的液体喷溅出来，造成不必要的烫伤。

● 掌控加热的时间

遵循烹调时间和食材重量成正比原则，当分量加倍时，加热时间也要加倍。另外加热时间也会受到食材新鲜度的影响，若新鲜度较差，加热时间也应缩短。如果不想考虑这些问题，购买微波炉时，可以选择设有自调时间装置的微波炉。

● 带壳、皮食材，别忘了戳洞散热

用微波炉加热秋葵、茄子、青辣椒等覆有表皮的食材时，为了避免这些带有水分的食材，因加热而产生膨胀破裂现象，加热前，记得要以刀切除蒂头作为水蒸气散热口。至于包覆肠衣的香肠、糯米肠，也是同样的道理，以刀划出条痕或用叉子戳洞，能有效避免爆裂现象。再者有壳的食材如银杏、鸡蛋入微波炉加热时，应该以牙签或筷子去除壳或刺破薄膜，以避免加热爆裂现象的产生。

● 注意开门、关门时机

食材放入微波炉内后，一定要记得关好门，但是在加热结束，微波炉关掉后，由于内部尚有余热，故宜等待1分钟后再取出。千万不能在启动微波炉的过程中将门打开。

香醋鱼

材料

鲫鱼	1条（约150克）
葱	50克
香菜	适量

调料

香醋	3大匙
料酒	1茶匙
白糖	2大匙
水	2大匙
淀粉	1/2茶匙
香油	1/2茶匙

做法

1. 鲫鱼洗净后，在鱼身两侧各划2刀，划深至骨头处，但不切断；将葱切丝，备用。
2. 所有调料调匀备用。
3. 将调匀后的调料淋于鲫鱼上。
4. 将鲫鱼用保鲜膜封好。
5. 放入微波炉中，按下开关，4分钟后取出，撕去保鲜膜，放上葱丝、香菜即可食用。

茄汁蒸鳕鱼

材料

鳕鱼1片（约200克），西红柿100克，蒜20克，葱、洋葱各50克，香菜10克

调料

黑胡椒粒、盐各少许，番茄酱2大匙，香油1小匙，料酒1大匙

做法

1. 将鳕鱼洗净，用餐巾纸吸干水，放入可用于微波炉的盘中备用；蒜、葱、香菜均切末，洋葱切丝。
2. 将西红柿洗净切碎，和剩余的材料（除香菜外）、所有调料混合拌匀，铺在鳕鱼上。
3. 再放入微波炉中，将加热时间设定为4分钟，微波结束后取出，撒上香菜末即可。

咖喱鱼片

材料

鲷鱼200克，洋葱50克，蒜20克，辣椒、胡萝卜各10克

调料

咖喱酱2大匙

做法

1. 将鲷鱼洗净切片，用餐巾纸吸干水，放入可用于微波炉的盘中备用；洋葱、蒜、辣椒、胡萝卜分别切末。
2. 取一容器，将咖喱酱和剩余的材料混合拌匀，淋在鲷鱼片上，再放入微波炉中，将时间设定为4分钟，加热后取出即可。

塔香鱼

材料

草鱼肉片150克，罗勒叶10克，蒜头酥20克，辣椒末5克

调料

陈醋、水各1大匙，白糖1茶匙，色拉油2大匙

做法

1. 草鱼肉片洗净后，在鱼身上划2刀，置于盘上备用。
2. 将罗勒叶切碎，加入蒜头酥、辣椒末及所有调料拌匀，淋在鱼上。
3. 用保鲜膜封好盘，放入微波炉中加热4分钟后取出，撕去保鲜膜即可。

醋溜鱼片

材料

鲷鱼200克，竹笋、西红柿各50克，大蒜、葱各20克，香菜、辣椒各10克

调料

番茄酱2大匙，白醋1大匙

做法

1. 将鲷鱼洗净切片，用餐巾纸吸干水，放入可用于微波炉的盘中，备用。
2. 竹笋、辣椒均切片；西红柿切块；香菜切末；葱切段。
3. 取一容器，将所有调料混合搅拌均匀，加入竹笋片、西红柿块、大蒜、葱段、辣椒片、香菜末混合拌匀，淋在鲷鱼片上，再放入微波炉中，将加热时间设定为4分钟，加热后取出即可。

清蒸鲢鱼头

材料

鲢鱼头300克，姜末10克，葱花15克

调料

白糖、香油各1/4茶匙，料酒1茶匙

做法

1. 鲢鱼头洗净后，置于汤盘上。
2. 将姜末、葱花及所有调料调匀后，淋在鲢鱼头上。
3. 用保鲜膜封好，放入微波炉中加热4分钟后取出，撕去保鲜膜即可食用。

关键提示

本品也可使用电锅制作：做法1~2同微波炉做法；放入电锅中，外锅加入1杯水，蒸至开关跳起后取出即可食用。

青椒鱼片

材料

鲷鱼120克，青椒60克，辣椒1个，姜15克

调料

盐、鸡精、淀粉各1/6茶匙，白糖1/8茶匙，料酒1茶匙，水1大匙

做法

1. 将鲷鱼切成厚约1厘米的鱼片；青椒切小块；辣椒与姜切小片，备用。
2. 将所有调料与材料一起拌匀后，排放至盘中。
3. 用保鲜膜封好盘，放入微波炉中微波3分钟后取出，撕去保鲜膜即可食用。

蒜泥鱼片

材料

草鱼肉 150克
葱花 15克
蒜泥 15克
辣椒末 5克

调料

料酒 1茶匙
水 1大匙
酱油 2大匙
白糖 1茶匙
开水 1大匙
香油 1茶匙

做法

1. 将草鱼肉洗净，切成厚约1厘米的鱼片，排放至盘中，备用。
2. 料酒及水混合后，淋在鱼片上，用保鲜膜封好，放入微波炉中加热3分钟后取出，撕去保鲜膜。
3. 将剩余调料混合调匀，加入葱花、蒜泥及辣椒末拌匀后，淋在鱼片上即可。

关键提示

本品也可用电锅制作：做法1同微波炉做法；料酒及水混合后，淋在做法1的鱼片上，放入电锅中，外锅加入1/2杯水，蒸至开关跳起后取出，再将剩余材料混合调匀，加入葱花、蒜泥及辣椒末拌匀后，淋在鱼片上即可。

黑胡椒洋葱鱼条

材料

鲷鱼200克，洋葱丝50克，葱段10克，
大蒜、辣椒片各20克

调料

黑胡椒酱3大匙，料酒2大匙

做法

1. 将鲷鱼洗净切片，用餐巾纸吸干水，放入可微波的盘中备用。
2. 取一容器，将所有调料混合搅拌均匀，加入洋葱丝、大蒜、辣椒片、葱段混合拌匀，淋在鲷鱼片上，再放入微波炉中，将加热时间设定为3分钟，加热后取出即可。

黑椒蒜香鱼

材料

草鱼肉片120克，蒜头酥25克

调料

色拉油、水各1大匙，黑胡椒粉、白糖各1/2茶匙，
陈醋、番茄酱、料酒各1茶匙

做法

1. 草鱼肉片洗净后，置于盘上备用。
2. 将蒜头酥及所有调料调匀后，淋在草鱼肉片上。
3. 用保鲜膜封好盘，放入微波炉中加热4分钟后取出，撕去保鲜膜即可。

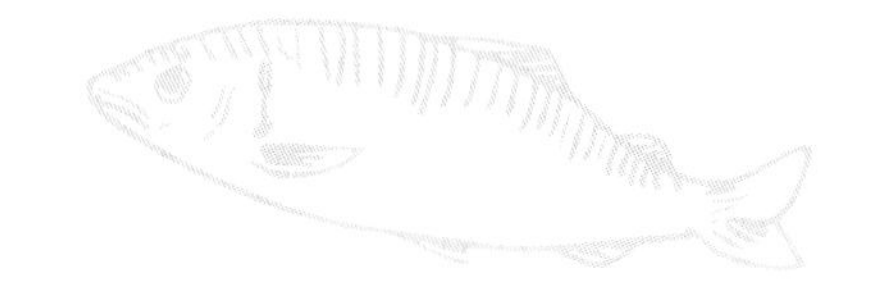

三文鱼味噌汤

材料

三文鱼　约200克
嫩豆腐块　400克
姜丝　5克
葱　10克
水　2碗

调料

料酒　2大匙
味噌　1大匙
糖　1小匙
白胡椒粉　少许
盐　少许

做法

1. 取一个可用于微波炉的大碗，放入所有的调料混合拌匀；葱切末，备用。
2. 将三文鱼洗净切块，用餐巾纸吸干水，放入上述大碗中，加入嫩豆腐块、姜丝和葱末，再放入微波炉中，将加热时间设定为5分钟即可。

PART 7

巧做鱼丸

美味鱼丸最能俘获人心，因为它吃起来不但口感细嫩、有韧劲儿，还很方便入口。在家自制鱼丸比从菜场或超市购买到的鱼丸肉味更新鲜，分量也足。本章详细介绍了从制作鱼浆开始，到做成鱼丸的整个过程，简单易学。您会觉得，原来制作手工鱼丸一点都不难，还能在家变着花样做出自己想要的口感，这样的美味真是随手拈来！

适合打成鱼浆的鱼类

我们常在市场上看到的鱼浆制品，口味排名最好的大概就属旗鱼和虱目鱼了，所以很多人也以为，只有旗鱼和虱目鱼才可以打成鱼浆，其实不然。事实上只要是鱼，无论是白肉鱼或红肉鱼，只要够新鲜，几乎都可以用来打成鱼浆。不过，含油脂成分较高的或肉质松散的鱼类，因为在搅打的过程中，前者其油脂会分离出来，后者则是肉质无法紧密黏合，在下锅煮的时候很容易散开，所以，以上两种鱼不适合用来做成鱼浆制品。

所以除了最常见的旗鱼和虱目鱼，如果不考虑价格因素，鲢鱼、狗母鱼（九棍鱼）、鲷鱼、马鲛鱼、鲈鱼、海鳗等都可以用来打成鱼浆。

马鲛鱼

马鲛鱼经济价值很高，肉质鲜美爽口，最有名的菜肴就是马鲛鱼羹。事先油炸成块，再制作成羹汤。除此之外，马鲛鱼也常用于煎食、制成鱼浆制品等。

旗鱼

旗鱼富含脂肪，肉质肥美，肉色赤白，蛋白质的含量也高，其他营养成分的含量亦很丰富，是食用价值很高的鱼类。

狗母鱼（九棍鱼）

狗母鱼大都栖息在沿岸附近的大陆架上，大约水深2米以下。狗母鱼因为细刺太多，且直接烹饪食用口感不好，所以较少直接用来烹饪，大都用来制成加工品。

海鳗

海鳗最长可达2米，不过体型太大的海鳗口感反而不好。海鳗属于肉质较细软的鱼类，口感与鳗鱼很相似，不过脂肪较少。但在白肉鱼类之中，海鳗的脂肪量还算是较高的，夏季是海鳗肉质最好的季节。

制作旗鱼丸

材料

旗鱼净肉	350克
鸡蛋	1个
树薯粉	50克
碎冰	150克
冰水	100毫升

调料

盐	12克
白糖	20克
胡椒粉	1小匙
香油	1大匙

做法

1. 旗鱼净肉（旗鱼去皮、筋膜及红肉部分）剥小块，冲冷水约15分钟，挑出细刺后捞出，轻压掉多余水分，放入冰箱冷冻至略硬。
2. 再将旗鱼净肉放入食物搅拌机内，加盐及75克碎冰，搅拌约3分钟，继续加入75克碎冰和调料，搅拌约1分钟，取出倒入搅拌盆中，加入鸡蛋清（鸡蛋取蛋清）拌匀。
3. 树薯粉加冰水调匀，徐徐倒入搅拌盆，拌匀成旗鱼浆，静置30分钟，备用。
4. 备一盆冷水；用左手取适量旗鱼浆，将其从虎口挤出成圆球状，右手用汤匙刮起放入水中，备用。
5. 煮一锅约80℃的热水，放入做好的旗鱼丸，以小火煮约8分钟捞出，将锅中的水煮沸后，再放入旗鱼丸，煮至再次沸腾，捞出旗鱼丸即可。

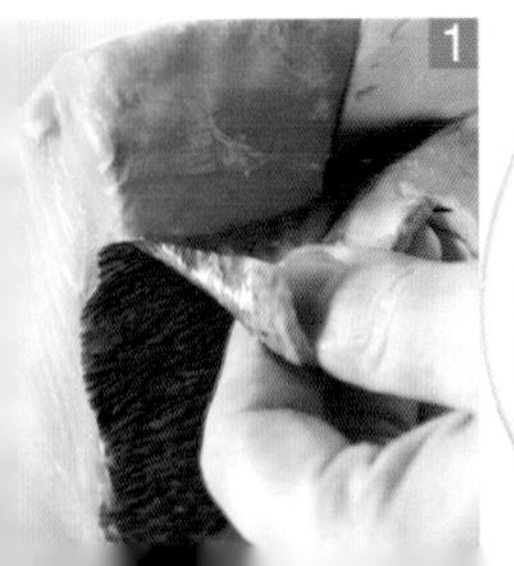
1

2

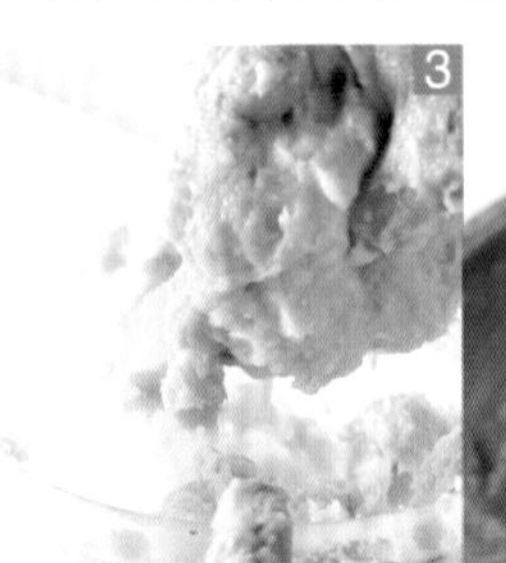
3

4

5

蒸旗鱼丸

材料

旗鱼丸130克，虾仁60克，青豆、水淀粉各适量，高汤100毫升，淀粉少许

调料

盐、白糖、油各少许

做法

1. 将虾仁的水吸干后，在一面抹上少许淀粉，再放于旗鱼丸上，点缀上青豆，摆入盘中，重复此做法，至食材用完为止。
2. 将盘放入电锅中，外锅加半杯水，蒸约6分钟取出。
3. 高汤煮至沸腾，加入调料混合拌匀，再以水淀粉勾薄芡，淋在旗鱼丸上即可。

茄汁烩旗鱼丸

材料

旗鱼丸300克，洋葱末15克，高汤50毫升，红色小西红柿、黄色小西红柿各30克，油少许

调料

番茄酱3大匙，盐1/4小匙，白糖1/2小匙，鸡精少许

做法

1. 红色小西红柿、黄色小西红柿均去蒂头，洗净沥干。
2. 取锅，加入少许油烧热，放入洋葱末爆香，再加入旗鱼丸和番茄酱翻炒均匀。
3. 再放入红色小西红柿、黄色小西红柿，加入高汤、盐、白糖、鸡精翻炒至入味，即可盛盘。

制作虱目鱼丸

材料

虱目鱼	1条
树薯粉	100克
碎冰	80克
冰水	80毫升

调料

盐	15克
白糖	24克
胡椒粉	1小匙
香油	1大匙

做法

❶ 虱目鱼去头，剖开虱目鱼后，去除中间鱼骨架。

❷ 鱼皮朝下，用刀顺向刮出虱目鱼肉，将两片虱目鱼肉都刮干净，刮到红肉时停止。

❸ 取刮干净的虱目鱼肉，剥小块，冲冷水15分钟，挑出细刺后捞出，轻压掉多余的水分，即为虱目鱼净肉。

❹ 取300克虱目鱼净肉放入冰箱冷冻至略硬，取出加盐及40克碎冰，放搅拌机搅拌约3分钟，续入其余的40克碎冰和调料，搅拌约1分钟，取出倒入搅拌盆中。

❺ 树薯粉加冰水调匀，慢慢倒入搅拌盘，拌匀成虱目鱼浆，静置30分钟，备用。

❻ 备一盆冷水；用手取适量虱目鱼浆，将其从虎口挤出成圆球状，再用汤匙刮起放入水中，制成虱目鱼丸备用。

❼ 煮一锅约80℃的热水，放入虱目鱼丸，以小火煮约8分钟捞出；再将锅中的水煮沸，放入虱目鱼丸，煮至再次沸腾后，捞出虱目鱼丸即可。

虱目鱼丸汤

材料

虱目鱼丸6颗，白萝卜、芹菜各50克，高汤300毫升

调料

盐1/2小匙，鸡精、白胡椒粉、香油各少许

做法

1. 芹菜去叶，洗净切末；白萝卜去皮洗净、切块，略为汆烫后捞出，备用。
2. 高汤倒入锅中，加入白萝卜块，煮至沸腾，再放入虱目鱼丸，再次煮至沸腾。
3. 再向锅中加入所有调料搅匀，熄火起锅，撒上芹菜末即可。

虱目鱼丸羹

材料

虱目鱼丸200克，胡萝卜丝、熟笋丝各30克，香菇2朵，蒜末少许，高汤600毫升，油少许，水淀粉适量

调料

盐、白糖各1/2小匙，鸡精1/4小匙，胡椒粉少许，陈醋1/3大匙

做法

1. 香菇切丝，备用。
2. 取锅烧热，倒入少许油，放入蒜末爆香，再加入香菇丝炒香，放入高汤煮至沸腾后，加入胡萝卜丝、熟笋丝煮1分钟。
3. 再放入虱目鱼丸和所有调料，略搅动煮开，最后以水淀粉勾薄芡即可。

制作草鱼丸

材料

草鱼净肉 350克
鸡蛋清 适量
碎冰 80克
冰水 80毫升
树薯粉 80克

调料

盐 12克
白糖 20克

做法

1. 草鱼净肉（草鱼剖开去皮、骨和筋膜）剥小块，冲冷水约15分钟，挑出细刺后捞出，轻压掉多余的水分，放入冰箱冷冻至略硬。
2. 将冷冻之后的草鱼净肉放入食物搅拌机内，加盐及40克碎冰，搅拌约3分钟，续入其余40克碎冰、白糖和盐，搅拌约1分钟，取出倒入搅拌盆中，加入鸡蛋清拌匀。
3. 树薯粉加冰水调匀，慢慢倒入搅拌盘，拌匀成草鱼浆，静置30分钟，备用。
4. 备一盆冷水；用左手取适量草鱼浆，将其从虎口挤出成圆球状，再用汤匙刮起放入水中，制成草鱼丸备用。
5. 煮一锅约80℃的热水，放入草鱼丸，以小火煮约8分钟捞出，将锅中的水煮沸后，再放入草鱼丸，再次煮至沸腾后，捞出草鱼丸即可。

制作吻仔鱼丸

材料

生吻仔鱼　200克
旗鱼净肉　200克
树薯粉　100克
碎冰　80克
葱花　50克

调料

盐　6克
白糖　18克
白胡椒粉　1/2小匙
香油　1小匙
料酒　1/2小匙

做法

1. 旗鱼净肉（旗鱼肉去皮、筋膜及红肉部分）剥小块，冲冷水约15分钟后，挑出细刺后捞出，轻压掉多余的水，放入冰箱冷冻至略硬。
2. 将冷冻的旗鱼净肉放入食物搅拌机内，加盐和碎冰，搅拌约3分钟，加入生吻仔鱼以及其余调料，搅拌约1分钟，取出倒入搅拌盆中，备用。
3. 树薯粉加冰水调匀，慢慢倒入搅拌盘拌匀，做成吻仔鱼浆，静置30分钟后，加入葱花拌匀，备用。
4. 备一盆冷水；用手取适量吻仔鱼浆，将其从虎口挤出成圆球状，再用汤匙刮起放入水中，备用。
5. 煮一锅约80℃的热水，放入吻仔鱼丸，以小火煮约8分钟捞出，将锅中的水煮沸后，再放入吻仔鱼丸，再次煮至沸腾后，捞出鱼丸即可。

制作淡水鱼丸

材料

鲈鱼净肉	350克
鸡蛋	1个
树薯粉	80克
碎冰	80克
冰水	80毫升
五花肉馅	100克
葱花	1大匙
虾米	1小匙
油	适量

调料

盐	适量
白糖	适量
胡椒粉	1小匙
香油	适量
五香粉	1/2小匙
酱油	1小匙

做法

1. 鲈鱼净肉（鲈鱼去皮、筋膜及红肉部分）剥小块，冲冷水约15分钟后捞出，轻压掉多余的水分，放入冰箱冷冻至略硬。
2. 将冷冻后的鲈鱼净肉放入食物搅拌机内，加盐和40克碎冰，搅拌约3分钟，加入其余40克碎冰和2茶匙盐、2茶匙白糖、胡椒粉和1大匙香油，搅拌约1分钟取出，倒入搅拌盆中，加入鸡蛋（取蛋清）拌匀。
3. 树薯粉加冰水调匀，慢慢倒入搅拌盆，拌匀成鲈鱼浆，静置30分钟，备用。
4. 虾米洗净切碎；起锅，放少许油，加入虾米碎和葱花，炒约3分钟，取出；加入猪肉馅和1/2小匙盐、五香粉、酱油、1/2茶匙白糖、1小匙香油拌匀成内馅，备用。
5. 备一盆冷水；将鲈鱼浆内包入少许内馅，以汤匙刮起放入水中，制成鱼丸备用。
6. 煮一锅约80℃的热水，放入包有内馅的鱼丸，以小火煮约8分钟捞出；将锅中的水再次煮沸后，放入鱼丸，煮至沸腾后，捞出鱼丸即可。

制作黄金鱼丸

材料

鲈鱼净肉	350克
鸡蛋	1个
树薯粉	100克
碎冰	100克
冰水	50毫升
油	适量

调料

盐	12克
白糖	20克
白胡椒粉	1小匙
香油	1大匙

做法

1. 鲈鱼净肉（鲈鱼肉去皮、筋膜及红肉部分）剥小块，冲冷水约15分钟后捞出，轻压掉多余的水分，放入冰箱冷冻至略硬。将冷冻后的鲈鱼净肉放入食物搅拌机内，加盐和碎冰，搅拌约3分钟，加入其余调料搅拌约1分钟，取出倒入搅拌盆中，加入鸡蛋（取蛋清）、冰水、树薯粉，拌匀成鱼浆，静置30分钟，备用。
2. 备一盆冷水；用手取适量鱼浆，将其从虎口挤出圆球状，再用汤匙刮起放入水中，备用。
3. 煮一锅约80℃的热水，放入鱼丸，以小火煮约8分钟捞出，静置冷却备用。
4. 热油锅，放入煮好的鱼丸，以中火油炸至鱼丸表面呈金黄色，捞出沥油即可。

制作芝士鱼丸

材料

鲈鱼浆	200克
马兹摩拉奶酪丝	100克

做法

1. 按照淡水鱼丸做法1～4，制成鲈鱼浆，并均分为10份；马兹摩拉奶酪丝均分为10份后搓成丸状，备用。
2. 备一盆冷水；用手取1份鲈鱼浆，包入马兹摩拉奶酪丸，将其从虎口挤出圆球状，再用汤匙刮起放入水中，制成芝士鱼丸备用。
3. 煮一锅约80℃的热水，放入芝士鱼丸，以小火煮约8分钟捞出。将锅中的水再次煮沸后，放入芝士鱼丸，煮至沸腾，捞出芝士鱼丸即可。

制作咖喱鱼丸

材料

旗鱼丸　20颗
茄子　200克
香菜　少许
色拉油　1大匙
高汤　400毫升
椰奶　200毫升

调料

绿咖喱酱　1.5大匙
鱼露　2小匙
白糖　2小匙

做法

1. 香菜洗净切小段；茄子洗净切条，备用。
2. 热锅倒入色拉油，放入绿咖喱酱，以小火炒香，倒入高汤和椰奶，以小火煮约3分钟。
3. 向锅中加入旗鱼丸、鱼露、白糖以及茄子条，煮至茄子条变软后，加入香菜段即可。